Anne M. Schüller

Zukunftstrend Empfehlungsmarketing

Der beste Umsatzbeschleuniger aller Zeiten

BusinessVillage
Update your Knowledge!

Anne M. Schüller

Zukunftstrend Empfehlungsmarketing
Der beste Umsatzbeschleuniger aller Zeiten
3. Auflage
Göttingen: BusinessVillage, 2009
ISBN 978-3-938358-63-4
© BusinessVillage GmbH, Göttingen

Bezugs- und Verlagsanschrift

BusinessVillage GmbH
Reinhäuser Landstraße 22
37083 Göttingen

Telefon: +49 (0)5 51 20 99-1 00
Fax: +49 (0)5 51 20 99-1 05
E-Mail: info@businessvillage.de
Web: www.businessvillage.de

Coverillustration

mediasolutions – lebendige medien
www.media-solutions.info

Layout und Satz

Sabine Kempke

Bestellnummern

PDF-eBook Bestellnummer EB-753
Druckausgabe Bestellnummer PB-753
ISBN 978-3-938358-63-4

Über die Autorin

Anne M. Schüller ist Diplom-Betriebswirtin und gilt als führende Expertin für Loyalitätsmarketing. Sie hat, gemeinsam mit dem Unternehmensberater Gerhard Fuchs, den Begriff des Total Loyalty Marketing geprägt. Sie ist Autorin zahlreicher Veröffentlichungen und achtfache Buchautorin.

Über 20 Jahre lang hatte sie Führungspositionen in Vertrieb und Marketing verschiedener nationaler und internationaler Dienstleistungsunternehmen inne und hat dabei mehrere Auszeichnungen erhalten. Seit 2001 ist sie als Management Consultant tätig. Ihre Arbeitsschwerpunkte: Total Loyalty Marketing, kundenfokussiertes Management-Coaching, Speaking sowie Trainings, also Workshops und Seminare für Führungskräfte und Mitarbeiter. Zu ihrem Kundenkreis zählt die Elite der deutschen, schweizerischen und österreichischen Wirtschaft.

Sie gilt als eine der besten Business-Redner(innen) im deutschsprachigen Raum. Auf Kongressen und Firmenveranstaltungen hält sie hochkarätige Impulsvorträge zu den Themen Loyalitätsmarketing, Mitarbeiter- und Kundenloyalität, kundenfokussierte Mitarbeiterführung, emotionales Verkaufen, Empfehlungsmarketing und Kundenrückgewinnung. Sie gehört zum Kreis der ‚Excellent Speakers'.

Ihr Buch ‚Kundennähe in der Chefetage' wurde mit dem Schweizer Wirtschaftsbuchpreis 2008 ausgezeichnet. Sie ist Dozentin an der BAW München (Bayerische Akademie für Werbung und Marketing). Sie hat ferner einen Lehrauftrag an der Fachhochschule Deggendorf im MBA-Studiengang Gesundheitswesen (Strategisches Marketing).

Kontaktdaten der Autorin

E-Mail: info@anneschueller.de
Web: www.anneschueller.de

Danke

In diesem Buch werden Sie empfehlenswerte Menschen und auch bemerkenswerte Firmen kennenlernen. Bei allen bedanke ich mich für ihre Inspiration, für ihre Beiträge und für das, was ich von ihnen lernen konnte.

Bitte

Und wenn Sie, liebe Leserin und lieber Leser, eine interessante Empfehlungsgeschichte parat haben, schreiben Sie mir. Vielleicht schaffen Sie es ja damit in eines meiner nächsten Bücher. Übrigens: Möglicherweise finden Sie ein wenig Inspiration auf der Webseite zum Thema:

www.empfehlungsmarketing.cc.

Schauen Sie doch einfach mal vorbei.

PS: Derjenige, der eine Empfehlung ausspricht, der Empfehlungsgeber also, heißt landläufig Empfehler. Für denjenigen, der die Empfehlung erhält, musste ich erst noch ein Wort kreieren. Dabei hatte ich die Wahl zwischen Empfehlungsnehmer und Empfohlener. Da aber mit Empfohlener auch das Unternehmen gemeint sein kann, das empfohlen wurde, habe ich mich, um Missverständnisse auszuschließen, schließlich für Empfehlungsnehmer entschieden. Das hört sich – ich weiß – nicht wirklich elegant an. Deshalb: Fällt Ihnen etwas Besseres ein? Dann her damit.

Vorwort zur 2. Auflage

Empfehlungsmarketing 2.0 oder die Renaissance einer alten Kaufmannstugend

Mundpropaganda und Empfehlungsmarketing haben seit der 1. Auflage von 2005 einen wahren Höhenflug erlebt – eine alte Kaufmannstugend wurde neu erschlossen. *„Die Revolution in der Werbung findet nicht in den Medien statt, sondern auf der Straße"*, konstatiert etwa der Werber Michael Hoinkes. Und ich ergänze: vor allem im Internet. Social Networks, Communities, RSS-Feeds, Wikis, Postings und Votings in Foren und Blogs, online-basierte Empfehlungssysteme, Linkstrukturen und all die anderen Applikationen, die unter dem Begriff Web 2.0 zusammengefasst werden, haben das Internet zu einer Spielwiese für alle möglichen Formen des Empfehlungsmarketing gemacht. Ob Spielzeug, Autos oder Finanzberater – alles unterliegt heute dem bisweilen gnadenlosen Urteil der Internet-User. Branchenspezifische Bewertungsportale schießen wie Pilze aus dem Boden. Über Empfehlungen via Web lässt sich bereits richtig Geld verdienen. Und schon gibt es jede Menge Tools zum Opinion-Monitoring von Mundpropaganda im Internet, die Konsumentenäußerungen zu Marken und Consumer-Themen systematisch auswerten.

So hat sich die gute alte Mundpropaganda in kürzester Zeit modernisiert. Anglizismen wie Advocating, Viral Marketing, Peer-to-Peer-Marketing (P2P), Buzz-Marketing, Influencer-Marketing, Street-Marketing, Superspreading usw. machen das Thema plötzlich ganz trendig. Und

moderne Kommunikationstechnologien machen es schnell. So ermöglicht Mobile Life Blogging Berichterstattung via Handy in Echtzeit rund um den Globus. Neben den loyalen und ertragsstarken A-Kunden rücken zunehmend auch die ‚Market Mavens' in den Fokus, die als Meinungsmacher und Referenzgeber fungieren. Ihr Urteil beeinflusst das (Kauf-)Verhalten ganzer Gruppen. Die Suche nach passenden Multiplikatoren wird demnach im Marketing der Zukunft eine viel größere Rolle spielen.

Empfehlungsmarketing ist der zweite Weg zu neuen Kunden. Der erste Weg, die klassische Neukunden-Akquise, wird zunehmend beschwerlich. Erstnutzer werden immer seltener. Werbung wird immer teurer. Und das Abjagen von Kunden der Konkurrenz funktioniert fast nur noch über den Preis. Empfohlenes Geschäft hingegen ist quasi schon vorverkauft. Dies führt bei dem, der die Empfehlung erhalten hat, zu einer positiveren Wahrnehmung, zu zügigen Entscheidungen, zu höherwertigen Abschlüssen und zu loyalerem Geschäftsgebaren. Und schnell zu neuem Empfehlungsgeschäft. Es ist schon erstaunlich, wie viel Energie Marktteilnehmer bisweilen investieren, um über ihre Lieblingsmarken zu reden und sie anderen schmackhaft zu machen.

Mundpropaganda ist ein imposantes Ausdrucksmittel von Verbrauchermacht. Das beste Werkzeug, um diese Macht zu manifestieren? Eben das Internet. Wo was am billigsten ist, was man unbedingt haben muss, wovon man besser die Finger lassen sollte, verbreitet sich im Netz wie ein Lauffeuer. Wer etwas zu sagen hat, stellt dies ins Web. Die Community hört gerne hin – und gibt die gefundenen Erkenntnisse bei Gefallen gleich weiter. Wer konsumieren oder investieren will, glaubt eher den Botschaften seiner Freunde oder dem Bericht eines anonymen Bloggers als den Hochglanzbroschüren von Herstellern und Anbietern am Markt.

Gerade für gut vernetzte Marktteilnehmer ist es heutzutage selbstverständlich, sich untereinander Tipps zu geben, Meinungen auszutauschen, zuzuraten oder zu warnen. *„In der Wissensökonomie werden wir alle zu Beratern und Coaches von anderen“*, sagt der Zukunftsforscher Matthias Horx, und weiter: *„Unsere ‚Future Fitness‘ wird letztlich dadurch entschieden, wie qualitativ wir das Agentennetz um uns herum organisieren können.“* Meinungsäußerungen in Beziehungsnetzen und Communities sind Ausdruck der Nutzung kollektiver Intelligenz. Sie wirken stärker auf Image und Umsatz eines Unternehmens als alle teuer erkauften Werbesequenzen zusammen.

Dem Empfehlungsmarketing in all seinen Ausprägungen steht die Hoch-Zeit erst noch bevor. Entsprechend einer Untersuchung von TWI Surveys wird die WOM-Werbung (Word of Mouth-Werbung) innerhalb der nächsten fünf Jahre die klassische Werbung überholen. Für die 500 am schnellsten wachsenden US-Unternehmen war laut einer Untersuchung des Wirtschaftsmagazins *Inc.* bereits 2006 der größte Erfolgsfaktor: das Mundpropaganda- und Viralmarketing. Es lag als Antwort auf die Frage: „Wie werden Ihre Produkte beworben beziehungsweise vermarktet?“ mit 82 Prozent auf dem ersten Platz, Anzeigen kamen auf

74 Prozent, Mailings auf 46 Prozent und TV nur auf 9 Prozent (Mehrfachnennungen möglich).

Aktive Empfehler sind die Treiber einer positiven Unternehmensentwicklung. Wer nicht (länger) empfehlenswert ist, ist auch bald nicht mehr kaufenswert. Nicht worauf die Unternehmen so stolz sind, sondern einzig und allein, was die Kunden über deren Produkte und Angebote, Services und Marken, kurz über deren Performance sagen, was auf der Straße hinter vorgehaltener Hand geredet oder in den Medien an die große Glocke gehängt wird, entscheidet über das Wohl und Wehe am Markt. Besser also, die Unternehmen hören gut hin – und ermutigen ihre Kunden, sie in den höchsten Tönen zu loben.

Diese Prozesse beeinflussen das gesamte Marketing: Es entwickelt sich immer mehr zum Mitmachmarketing. Hierbei wird der Konsument verstärkt in alle Stufen des Wertschöpfungsprozesses involviert und so zum aktiven und kreativen Mitgestalter ‚seiner‘ Marke. Anstatt ihn einseitig zu berieseln, gehen die Anbieter mit ‚ihren‘ Kunden eine Beziehung ein, in der diese das Sagen haben. Markenbotschaften beziehungsweise Ansprechpartner sorgen dabei nicht nur für einen ‚Kick im Kopf‘, sondern vor allem für einen ‚Kick im Herzen‘. Die Chancen stehen gut, dass solchermaßen emotional eingebundene Kunden sich begeistert als aktive Empfehler betätigen – kostenlos, aus eigenem Antrieb und gerne.

Eine Empfehlung ist der sichtbare und geldwerte Beweis für die Loyalität eines Kunden. Und: Das Gewinnen von Neukunden ist leicht, wenn man viele Empfehler hat.

Dass Mundpropaganda nicht nur gut fürs Image, sondern insbesondere auch gut für die Erträge ist, ist eine Binsenweisheit. Doch im Marketing-Mix wird dieses Phänomen immer noch stark unterschätzt. In den Marketingplänen kommt es höchst selten vor. Viele Unternehmer halten Empfehlungen offensichtlich für einen Glücksfall. Denn höchst selten weiß jemand ganz genau, wer seine Empfehler sind, wie viel Geschäft er durch diese bekommt und weshalb er von ihnen empfohlen wird. Frage: Wie hoch ist Ihre Empfehlungsrate – regelmäßig gemessen und nicht nur geschätzt? Keine Ahnung? Dann geht es Ihnen wie den meisten Unternehmen, denen diese Frage gestellt wird. Die Empfehlungsrate ist die denkbar wichtigste aller betriebswirtschaftlichen Kennzahlen. Sie sollte im Geschäftsbericht ganz vorne stehen. Denn die strategische Ausrichtung auf aktive, positive Empfehler ist die intelligenteste, preisgünstigste und damit erfolgversprechendste Umsatzzuwachs-Strategie aller Zeiten.

Wie Sie das Empfehlungsgeschäft vom Zufall befreien, zeigen die folgenden Seiten. Dabei geht es um viel mehr als den banalen Satz ‚Empfehlen Sie uns weiter', der meist ziemlich penetrant daherkommt und höchstens zufällige Mundpropaganda auslöst. Es geht vielmehr um den systematischen Aufbau des Empfehlungsgeschäfts. Und diese Aufgabe ist äußerst facettenreich, wir werden das sehen. So viel schon vorweg: Wer aktives Empfehlungsmarketing betreibt, wartet nicht in aller Bescheidenheit darauf, entdeckt zu werden, er treibt vielmehr sein Empfehlungsgeschäft gezielt voran. Die unterschiedlichen Formen der Mundpropaganda können Vertriebs- und Marketingaktivitäten kräftig unterstützen – ja sogar Teile des Vertriebs

ersetzen. Und eine Menge Werbekosten sparen. Dabei gilt es, seine Kunden und Kontakte derart zu begeistern, dass diese fortan von selbst beginnen, andere vehement von Ihren Leistungen zu überzeugen. Die alles entscheidende Frage lautet:

Wie mache ich meine Kunden (und Kontakte) zu Topverkäufern meiner Angebote und Services?

Idealerweise steht eine Empfehlung am Anfang und am Ende eines jeden Verkaufsgesprächs. Sie ist die Krönung eines guten Kundenkontakts, der Ritterschlag für Ihre Bemühungen und das ultimative Ziel aller Marketing- und Vertriebsanstrengungen.

Die hauptsächlichen Erfolgsfaktoren im Empfehlungsmarketing heißen:

- begeisterte Kunden, die Ihnen vertrauen,
- bemerkenswerte Spitzenprodukte und -services,
- Spitzenleister, die Kunden ‚lieben',
- das Wissen, wie Empfehlungsmarketing funktioniert.

Mit all diesen Aspekten beschäftigt sich dieses Buch. Die vor Ihnen liegende zweite Auflage wurde komplett überarbeitet, erweitert und aktualisiert. Selbst die Leser der ersten Auflage werden viele weitere Tipps und neue Beispiele darin finden. So wünsche ich Ihnen viel Spaß beim Lesen und vor allem: Viel Erfolg bei der Umsetzung.

Anne M. Schüller, im Januar 2008

1. Ihr größter Schatz: aktive, positive Empfehler

Wer ist Ihr bester Verkäufer? Er ist nicht in Ihrem Unternehmen angestellt. Er ist noch nicht einmal freier Mitarbeiter oder Handelsvertreter. Er arbeitet auch nicht als Händler oder Vermittler. Ihr bester Verkäufer heißt: Empfehler, aktiver, positiver Empfehler. Aktive, positive Empfehler verkaufen wirksamer als jeder Starverkäufer – und kosten keinen Cent. Sie sind ungebunden, uneigennützig, unwiderstehlich. Doch meist bleiben sie unerkannt, ungedankt und unbelohnt. Wie oft hat man sich beispielsweise bei Ihnen schon einmal für eine Weiterempfehlung ausdrücklich und mit einer ganz besonderen Geste bedankt?

Die beste Werbung ist die, die der Kunde für Sie macht. Einem Empfehler gelingt es viel leichter, Ihre Angebote zu verkaufen, als Ihrer kompletten Vertriebsmannschaft. Denn der Empfehler hat einen Vertrauensbonus. Er macht neugierig und verbreitet Kauflaune. Seine Empfehlung wirkt glaubwürdig und neutral. Hierdurch verringern sich Kaufwiderstände erheblich. „Die Sache muss ja gut sein, wenn's mein bester Freund/mein guter Geschäftspartner empfiehlt. Der würde sich nie was andrehen lassen", sagt Ihr Interessent. Oder: „Von dem weiß ich, dass er besonders kritisch ist und alles sorgfältig prüft. Auf seinen guten Rat kann ich mich wirklich verlassen. Wenn er dieser Firma vertraut, dann tue ich es auch." Empfehlungen führen schneller und sicherer zum Abschluss als die brillanteste Argumentationskette eines Spitzenverkäufers.

Eine wohlwollende Empfehlung ist jeder Unternehmenswerbung überlegen. Denn empfohlenes Geschäft ist quasi schon vorverkauft. Dies führt bei dem, der die Empfehlung erhält, zu einer positiveren Wahrnehmung, zu einer höheren Gesprächsbereitschaft, zu kürzeren Gesprächen und zu zügigen Entscheidungen. Oft auch zu einer geringeren Preis-Sensibilität, zu höherwertigen Käufen und loyalerem Geschäftsgebaren. Und schnell zu neuem Empfehlungsgeschäft. Denn wer empfohlen wurde, spricht auch selbst Empfehlungen aus. So einfach ist das.

Empfehlungsmarketing schlägt klassisches Marketing

Die Grenzen der klassischen Werbung (TV, Radio, Print, Plakat) sind erreicht. Ja, die Werbebudgets steigen kräftig weiter, der Werbedruck wird ständig erhöht, doch die Wirkung sinkt dramatisch. Wir Verbraucher sind kaum noch zu packen. Bei Werbeanrufen legen wir gnadenlos auf. Fernsehspots werden kurzerhand weg gezappt. Für das Anzeigen-Studium bleibt nun wirklich keine Zeit. Und Mailings landen – weil Briefkasten-Spam – ungelesen im Papierkorb. Gegenüber den meisten Werbeformen sind wir inzwischen immun: Wir schauen nicht mehr hin, wir hören nicht mehr zu. Unternehmensskandale machen uns zunehmend misstrauisch. Selbst die Presselandschaft klüngelt. Wir glauben nicht länger den allgegenwärtigen, blumigen Werbeversprechen. Wir fühlen uns gestört, wir sind angeödet und lassen uns nicht länger täuschen. Der Werbe-Boom in den Massenmedien war nur ein Intermezzo. Jetzt wird einfach abgeschaltet. Push-Marketing (= Druck-Marketing) ist ungewollt und deshalb nicht länger erwünscht.

„Schon Mitte der Achtzigerjahre hatte ich mich als Berufsanfängerin über die Strategie meines damaligen Arbeitgebers, ein konzernzugehöriges Hotel mit 320 Betten, sehr gewundert", erzählt Antje Zumsande, Geschäftsführerin der Consilium Hotellerie GmbH, die Projektentwicklungen von gewerblichen Großimmobilien macht. „Über Jahre wurde das Kostenbudget für Marketing und Verkauf kontinuierlich erhöht, weil man den Umsatz pro verfügbarem Zimmer, in der Hotellerie Revpar genannt, erhöhen musste. Innerhalb unserer Abteilung PR und Sales haben wir aufgrund der schlechten Belegung Ursachenforschung betrieben.

Die Quintessenz lautete: Es gab auch im sechsten Betriebsjahr immer noch über 98 Prozent Neukunden. Die Befragung der ehemaligen Gäste bestätigte unsere Vermutung: 1. Aus Neukunden wurden keine Stammkunden und 2. Das Hotel hatte eine Empfehlungsquote, die gegen null tendierte. Als Ursache der negativen Betriebsergebnisse sah der Verantwortliche jedoch keineswegs die Sauberkeit nach dem Zufallsprinzip, die miserable Küchenqualität, den lausigen Service oder die veralteten Hotelzimmer an. Wir verschickten also weiterhin tausende Mailings, schalteten Anzeigen und druckten erstklassige Hochglanzbroschüren, doch viele Neukunden besuchten das Haus nur ‚notgedrungen' wieder und gaben in aller Regel keine positive Empfehlung ab – ganz im Gegenteil. Das hohe Potenzial der Weiterempfehlung lag völlig brach. Was ich daraus gelernt habe:

- *Lügen in der Werbung haben die kürzesten Beine und der Konsument quittiert falsche Werbeaussagen und Untererfüllung der Erwartungen mit Kaufzurückhaltung oder schlimmstenfalls mit Boykott.*
- *Es macht keinen Sinn, die potenziellen Kunden mit Werbekampagnen zu überfluten, wenn ‚Hardware' und ‚Software' vernachlässigt werden. Die tollste Imagebroschüre kann die Dienstleistungsqualität nicht ersetzen.*
- *Die Quote der Weiterempfehlung ist ein hervorragender Gradmesser der Kundenzufriedenheit.*

Dies hat dazu geführt, dass wir heute, in einer anderen Branche tätig, die Empfehlungen nicht nur zur Kenntnis nehmen, sondern auch zählen. Der Firmenkundenbetreuer unserer Bank fragt jedes Jahr nach Zusendung von Bilanz und Businessplan, woher unsere Kunden stammen – bei einem Marketingbudget von 0,05 Prozent des Nettoumsatzes. Die Antwort beispielsweise im vierten Betriebsjahr: Stammkunden 15 Prozent, Neukunden aus Weiterempfehlung 74 Prozent, Internet 7 Prozent, Sonstige 4 Prozent. Zur Quote der Stammkunden sollte erwähnt werden, dass über 80 Prozent aller Kunden unsere Dienstleistung aufgrund des hohen Investitionsvolumens in Höhe von 10 bis 60 Millionen Euro nur ein einziges Mal im Leben erwerben beziehungsweise in Anspruch nehmen."

In diesen Aussagen ist schon vieles vorweggenommen, was wir im Verlauf der folgenden Kapitel erörtern werden: Empfehlungsmarketing schlägt klassisches Marketing. Denn Empfehlungen sind nicht nur wirksamer, sondern auch weit kostengünstiger zu haben. Empfehler sind die besten Verkäufer. Eine fundierte Empfehlung hat manchmal geradezu magische Anziehungskraft. Gut gestreut und in das richtige Umfeld gebracht löst sie Wellen weiterer Empfehlungen aus. Sie erzeugt Sog statt Druck. Doch nur Spitzenleistungen werden weiterempfohlen. Und nur Spitzenleister erzeugen Spitzenleistungen.

In einer polarisierten Gesellschaft, in der manche sich kaum mehr das Nötigste leisten können und anderen die Wünsche schon knapp werden, wird die Empfehlung wieder eine zunehmend wichtige Rolle spielen. Für die einen, weil sie sich wegen Geldknappheit keine Fehlgriffe leisten können. Und für die anderen, weil sie, von Begehrlichkeiten beseelt, immer wieder kaufen. Empfehlungen sind wie Leuchtfeuer im unendlichen Meer der Angebote. Und sie sind Konsumtreiber.

Empfehlungen haben mit guten Gefühlen, mit Vertrauen, Freude am Teilen und auch mit sozialem Handeln zu tun. Das Empfehlungsmarketing folgt demnach einem Weg, der mit emotionaler Power operiert und bei dem zwischenmenschliche Beziehungen eine entscheidende Rolle spielen. Dieser Weg wird dem technokratisch-unterkühlten, emotionsbereinigten Managementweg, bei dem es vornehmlich um Sachliches und Fachliches, um Instrumente und Tools, um Strukturen, Prozesse und Budgets geht, in jeder Hinsicht überlegen sein. Starre Vorschriften, anonyme Systeme und lähmende Hierarchien sind wie ein Käfig. Darin erstarren Mitarbeiter – und Kunden werden ganz still. Empfehlungen dagegen sind wie Singvögel. Sie flattern durch die Welt und erzählen uns was. Und wir hören ihnen gerne zu.

Empfehlungen sind die bessere Werbung

Menschen hören eher auf Freunde als auf Werbung. Gerade in turbulenten Zeiten leihen wir unser Ohr vor allem denen, die uns nahe stehen, denen wir wirklich vertrauen können, die ihre praktischen Erfahrungen wohlwollend mit uns teilen: verlässlichen Empfehlern. Sie werden zunehmend wieder genau die Rolle spielen, die sie, seit die Menschen Handel treiben, immer schon hatten: Mittler, Networker, Vorverkäufer. Und das Schöne ist: Mit ihnen können wir uns heute über viele Kanäle austauschen – und zwar rasend schnell. Gerade das Internet ermöglicht es, Informationen genau dann zu holen, wenn wir sie brauchen – und nicht, wenn sie uns vorgesetzt werden. Wir lassen uns nichts mehr ‚reindrücken‘, schon gar nicht durch Briefkastenterror, Spam und übervolle Webseiten. Werbung, die zur Plage wird, boykottieren wir. Was uns nicht passt, klicken wir weg. Bei dem, was uns fesselt, da verweilen wir. Und was uns gefällt, das leiten wir sofort an unsere Freunde weiter. Die neuen Medien verändern das Verbraucherverhalten radikal. Virtuelle Marktplätze machen uns (wieder) mit Tauschgeschäften vertraut. Dabei ist das Austauschen von Empfehlungen die älteste Werbeform der Welt. Und aktueller denn je.

Denn als Konsumenten stehen wir vor schier unüberwindlichen Warenbergen. Die Informationsflut ist nicht mehr einzudämmen. Wir haben den Überblick längst verloren. Die Konfusion steigt. Es ist eine Illusion, Wissen managen zu können.

Immer mehr stürmt auf uns ein und wir haben immer weniger Zeit dafür. Die Glaubwürdigkeit in die Anbieter schwindet, die nicht enden wollenden Skandale haben Verbrauchervertrauen zerstört. Die Angst vor Fehlentscheidungen ist immens – gerade auch unter den Business-Entscheidern. Zweifel führen zu Handlungsblockaden, zu Konsum-Zurückhaltung und zum Käuferstreik. Der Ausweg aus diesem Dilemma heißt: Empfehlungsmarketing. Gute Tipps unter (Geschäfts-)Freunden reduzieren Komplexität, sie geben uns Sicherheit und machen uns wieder entscheidungsfähig. Sie bringen Licht in den Angebotsdschungel und machen uns das Leben wieder einfach.

Es gibt eine Menge Beispiele dafür, wie selbst große Marken, die erst seit jüngerer Zeit auf dem Markt sind, (fast) ohne klassische Werbung, sondern vielmehr durch solche Formen des Marketing, die in hohem Maße Mundpropaganda auslösen, den Weg nach oben geschafft haben: der Coffeeshop-Filialist Starbucks, der Erfrischungsdrink Bionade, die Modekette Zara, der iPod von Apple, der neue MINI, der irische Billigflieger Ryanair, die Hotelmarke Etap, der Computerbauer Dell, der Premium-Unterhaltungselektronik-Anbieter Bang & Olufsen, der Online-Suchdienst Google, der österreichische Kristallglas-Spezialist Swarovski, der Buchhändler Amazon, das Online-Netzwerk XING (ehemals openBC) sowie Wikipedia, die inzwischen größte Enzyklopädie der Welt … um nur einige Namen zu nennen. *„Statt Kunden müssen Fans gewonnen werden, die die Markenbotschaft leben und weitertragen. Dazu ist Werbung nicht das richtige Mittel"*, sagt Hubertus Bessau, Geschäftsführer des Senkrechtstarters Mymuesli, einem Online-Anbieter von individuell zusam-

menstellbaren Müsli-Mischungen. Die Blogging-Szene machte ihn bekannt – und dann sprang der Hype auf die Presse über: Das Fernsehen und viele Printtitel berichteten ausführlich.

Die Sache mit dem Hörensagen funktioniert bei Ich-AGs genauso wie bei Global Playern, bei Dienstleistern wie auch bei Herstellern, im realen und im virtuellen Raum. Wer eine verlässliche Empfehlung erhält, kann die Versuch-und-Irrtum-Phase dramatisch verkürzen. Und Risiken minimieren. Ob der Schönheitschirurg, für den man sich gerade entschieden hat, wirklich ein Profi ist, merkt man ja oft erst nach ein paar Jahren. Und wer für dickes Geld einen Unternehmensberater beauftragt, weiß meist erst lange, nachdem dieser die Firma wieder verlassen hat, ob seine Ratschläge wirklich taugen. Fundierte Empfehlungen sind also sehr nützlich. Und praktisch. Vor allem dann, wenn man sie im Internet blitzschnell finden kann. So entstehen immer mehr Verbraucherforen und Portale, auf denen Nutzer ihre einschlägigen Erfahrungen mit bestimmten Berufsgruppen einstellen, kommentieren, bewerten und empfehlen können.

Wie macht man beispielsweise einen guten und netten Zahnarzt ausfindig, wenn man in eine neue Gegend gezogen ist? Bei der Suche in Branchenbüchern oder Suchmaschinen hängt es vom Zufall ab, ob die Wahl ein Glückstreffer ist. So wurde eine Suchmaschine entwickelt, in der nur Zahnärzte gelistet werden, die von mindestens einem Patienten empfohlen wurden: www.zahnarzt-empfehlung.de. Der Eintrag kann nicht erkauft werden. Und wenn Sie, lieber Leser, zufällig Zahnarzt sind: Schon mal reingeschaut, was da so alles über Sie steht?

Einer repräsentativen Studie des Schweizer Gottfried Duttweiler Institut (GDI) aus dem Jahr 2007 zufolge besuchen immer mehr Reisende bei ihren Planungen zuallererst das Portal Holiday-Check beziehungsweise autoaffine Menschen das Portal Motor-Talk und entscheiden sich dann aufgrund der dort veröffentlichen Bewertungen. Auf diese Weise verliert so manches Unternehmen seine Kunden bereits, bevor diese eine erste Anfrage gestartet haben.

Ferner zeigt eine aktuelle Untersuchung der Marktforscher Comscore und The Chelsea Group, dass Verbraucher exzellente Leistungen massiv honorieren. Die Zahlungsbereitschaft für eine mit dem Maximalwert von fünf Sternen bewertete Leistung war je nach Kategorie zwischen 20 Prozent (Medikamente) und 100 Prozent (Rechtsberatung) höher als die für eine mit vier Sternen bewertete Leistung. Für exzellente Bewertungen wird aber nicht nur mehr bezahlt, die bestbewerteten Produkte werden auch eher gekauft.

So lohnt es sich für Anbieter, die gut performen, in doppelter Hinsicht, in den einschlägigen Bewertungsportalen vertreten zu sein. Deshalb raten zum Beispiel die Handwerkskammern ihren Mitgliedern bereits, in Rundschreiben oder auf Rechnungen folgenden Hinweis anzubringen: *„Wenn Sie mit unserer Leistung zufrieden waren, empfehlen Sie uns bitte weiter – gerne auch im Internet unter www.kennstdueinen.de. "* Dort können Firmen sich übrigens im Rahmen eines speziellen Profi-Netzwerks auch gegenseitig empfehlen. Die Schlussfolgerungen aus dem Gesagten: Arbeiten Sie an Ihrem guten Ruf – gerade auch im Internet! Unternehmen benehmen sich besser ordentlich

und behandeln ihre Kunden gut, denn in der neuen Web-2.0-Welt kommt alles raus.

Empfehlungen verringern das Risiko

Eine verlässliche Empfehlung verringert das Risiko einer womöglich bedrohlichen Fehleinschätzung – im beruflichen wie im privaten Bereich. Wir holen uns also gerne Rat bei glaubwürdigen Personen, die bereits einschlägige Erfahrungen gesammelt haben – und folgen ihren Ratschlägen oft nahezu blind. Wir greifen insbesondere dann auf eine Empfehlung zurück,

- wenn es schwierig ist, sich einen Überblick über den jeweiligen Markt, alle Anbieter und ihre einzelnen Angebote zu verschaffen,
- wenn Produkte beziehungsweise Leistungen komplex und damit stark erklärungsbedürftig sind,
- wenn uns die notwendige Fachkenntnis fehlt,
- wenn uns die notwendige Zeit fehlt,
- wenn Produkte sehr teuer sind,
- wenn wir uns eine Fehlinvestition beziehungsweise einen Fehlkauf nicht leisten können,
- wenn wir uns nicht entscheiden können,
- wenn es um unsere Sicherheit geht,
- wenn es um ein hohes Maß an Vertrauen geht.

Eine Studie der Beratungsfirma Deloitte zum Konsumenten-Verhalten im Kfz-Markt ergab, dass die Hälfte der Autofahrer ‚ihre' Marke weiterempfiehlt. 20 Prozent der Käufer sind allerdings mit ihrem Auto so unzufrieden, dass sie aktiv abraten. Audi schnitt übrigens in dieser Studie am besten ab, gefolgt von Mercedes und BMW. Eine Untersuchung der Puls GmbH aus dem Jahr 2006 fand heraus, dass jüngere Leute eine deutlich höhere

Neigung haben, ihre präferierte Automarke weiterzuempfehlen. Bei den unter 31-Jährigen waren dies 77 Prozent, bei den 41- bis 50-Jährigen 65 Prozent und bei den über 60-Jährigen nur noch 57 Prozent.

Einer aktuellen Nielsen-Untersuchung zufolge, die in 47 Ländern durchgeführt wurde, vertrauen bereits 78 Prozent der Befragten auf die Ratschläge von Freunden und Kollegen, 62 Prozent nutzen Blogs und Consumer-Portale. Und eine bundesweite Umfrage der Beratungsgruppe Marketing Partner ergab, dass über 90 Prozent der Befragten ihre Freunde und Bekannte vor einer Kaufentscheidung schon mal um Rat gebeten haben. Meist, um von deren Erfahrungen zu profitieren. Dabei waren für 59 Prozent der Frauen und für 43 Prozent der Männer freundschaftliche Ratschläge wichtig oder sehr wichtig.

Meine Prognose lautet: Diese Zahlen werden noch steigen. Der Austausch von Empfehlungen wird zunehmend an Bedeutung gewinnen. Wir erleben bereits jetzt eine steigende Sehnsucht der Verbraucher nach Orientierung, Vereinfachung und Entlastung. Denn je unübersichtlicher die Märkte werden, desto mehr Sicherheit brauchen wir. Je komplexer die Dinge sind, desto mehr zählt Schnelligkeit. Je stärker der technologische Fortschritt uns entfremdet, desto mehr sehnen wir uns nach Verbundenheit. Je anonymer Geschäftsbeziehungen werden, desto mehr suchen wir nach neuen Wegen des vertrauensvollen Miteinanders. Auf all dies heißt die passende Antwort: eine glaubwürdige Empfehlung. Und weil es immer auch um Lebensfreude, Lust und Leichtigkeit geht, gesellt sich dazu: die quirlige Mundpropaganda.

Was in den Unternehmen heute am meisten gebraucht wird, ist Nähe und Menschlichkeit. *„Nichts braucht der Mensch so sehr wie den Menschen"*, haben schon die alten Griechen gesagt. Übersetzt mit dem Slogan ‚Connecting people' machte dies Nokia zu einer der global am meisten geschätzten Marken mit einem Weltmarktanteil von nahezu 40 Prozent (2007). Dies ist ein Pfund, mit dem sich wuchern lässt – das aber auch zu verantwortungsvollem Tun mahnt, weil man es leicht verspielen kann.

Studien des Marktforschungsinstituts Rheingold zeigen, dass es im Kampf um die Marktanteile von morgen verstärkt darum geht, wer im öffentlichen Meinungsbild zu den Guten und wer zu den Bösen gezählt wird. *„Alles, was neudeutsch so gerne unter dem Begriff ‚Corporate Social Responsibility' zusammengefasst wird, muss,"* so bekräftigt Jens Lönneker, Managing Partner bei Rheingold in einem Interview mit der Zeitschrift *Acquisa*, *„auch wirklich im Unternehmen gelebt werden."* Sonst entwickelt sich beim Konsumenten kein Vertrauen. Wer einmal am sozialen Pranger steht, kann viel Geld verlieren. Denn es gibt ja nicht nur die zuratende, sondern auch die warnende Mundpropaganda.

Das Empfehlungsgeschäft: Online und Offline

Empfehlungsaktivitäten finden also heute in zwei Welten statt, die sich immer stärker miteinander verknüpfen:

Offline: die Empfehlung von einem Individuum zu einem anderen im Rahmen eines Gesprächs, die klassische Mundpropaganda also, die es zu allen Zeiten gab. So verbreiten sich empfehlenswerte Informationen eher langsam und innerhalb eines überschaubaren Kreises.

Online: die Massenempfehlung, die erst durch die neuen elektronischen Technologien möglich wurde. Hierbei können per einfachem Mausklick über geografische und kulturelle Grenzen hinweg Tausende von Menschen schnell und kostengünstig auf ein empfehlenswertes Angebot aufmerksam gemacht werden. In kürzester Zeit kann die ganze Welt es haben wollen.

Eine Studie der Keller Fay Group aus den USA, die die Geheimnisse der Word of Mouth-Kommunikation, also der Mundpropaganda untersuchen sollte, erbrachte unter anderem Folgendes: 15 Prozent der Bevölkerung sind als überaus starke Empfehler aktiv. Sie führen im Durchschnitt pro Woche 184 Gespräche, die Mund-zu-Mund-Werbung generieren, und nennen dabei 149 Mal Markennamen. 72 Prozent dieser Gespräche finden persönlich, 17 Prozent am Telefon statt.

Nichtsdestotrotz ist das internetbasierte Empfehlungsmarketing, wie wir schon eingangs sahen, stark im Kommen. Dabei spielt das virale Marketing, das so heißt, weil sich eine Botschaft per SMS oder über das Web wie ein Virus verbreitet, eine Hauptrolle. In Foren, Chats und Blogs, den sogenannten Tagebüchern im Internet, wird über alle möglichen Produkte weltumspannend debattiert, es wird gelobt, getadelt und schließlich weiterempfohlen – oder abgeraten. Blogs (manchmal auch Weblogs genannt) sind die beste Echtzeit-Marktforschung aller Zeiten: demokratisch, unabhängig und unverblümt. Sie können, richtig

genutzt, zu einem mächtigen Kommunikationsmittel in Sachen Image und Mundpropaganda werden.

Eines ist sicher: Die virtuelle Community ist bestens verlinkt und agiert blitzschnell. Sogenannte ,Smart Mobs', spontane Menschengruppen, die sich über Handy & Co. organisieren, landen in Windeseile punktgenau da, wo gerade die Post abgeht. Und neue Formen kommerziell organisierter Empfehlungsaktivitäten benutzen die Online- und Offline-Welt gleichermaßen für ihre Aktivitäten. Darüber lesen Sie mehr in Kapitel 9.

Elektronische Infrastrukturen sichern einen nahezu grenzenlosen Informationsfluss, in dem Individualität, Dynamik und Geschwindigkeit die entscheidenden Parameter sind. Klassische Werbekampagnen mit ihren Briefings, umfangreichen Pretests und langen Entscheidungswegen sind nicht nur viel zu direktiv, sie sind auch viel zu langsam, um im Markt rasch zu wirken. Sie muten an wie beschauliche Pferdekutschen im Hochgeschwindigkeitszeitalter virtueller Netzwerke. Was auch immer Firmen heute tun, im Internet spricht es sich sofort herum – vor allem, wenn es bemerkenswert und empfehlungswürdig ist.

Der eigentliche Startschuss für den Relaunch des MINI fiel im Internet. Dort wurde die Marke bereits gelebt, lange bevor der Wagen auf die Straße kam. Über Verlosungen, interaktive Spiele und Verlinkungen gelang es, einen breiten Interessentenstamm aufzubauen, ohne den MINI überhaupt abzubilden, denn der durfte zunächst noch nicht gezeigt werden. „Ziel war es", so Torsten Müller-Ötvös, zu der Zeit verantwortlich für das

Produktmanagement der Marke MINI, „noch vor dem Launch des Fahrzeugs so viele internationale Adressen zu sammeln, dass wir genügend Potenzial hatten, um die Produktion auslasten zu können." Innerhalb von 15 Monaten wurden auf diese Weise über eine Million Interessenten-Leads weltweit generiert, wovon schließlich die Hälfte in einem Kauf mündete.

„Neue Produkte haben nur dann eine Chance, sich auf dem Markt durchzusetzen, wenn sie so bemerkenswert sind, dass die Verbraucher selbst Werbung dafür machen", sagt Seth Godin, der Vater des Permission Marketing in seinem Buch *Purple Cow*. Und das tun Konsumenten nur dann, wenn sie von einer Sache begeistert sind. Oder wenn etwas sie emotional so intensiv anspricht wie das Bauchkribbeln bei einer neuen Liebe. Oder wenn etwas so außergewöhnlich war, dass man den unwiderstehlichen Drang verspürt, dies so schnell wie möglich weiterzutragen. Anbieter müssen also dem Markt wirklich gute Gründe geben, um ins Gespräch zu kommen – und nicht ins Gerede.

Über positive und negative Empfehler

Mit einer erstklassigen Empfehlung kann man sich schmücken und sein Selbstwertgefühl steigern. Man kann sich als Kenner präsentieren. Man kann Menschen beeinflussen und damit in gewissem Sinn auch Macht ausüben. Oder man kann helfen und anderen Gutes tun. Auf diese Weise kann man vertrauensvolle Beziehungen aufbauen und Freundschaften festigen.

Die entscheidende Triebfeder eines Empfehlers ist in den wenigsten Fällen vordergründig materieller Profit, sondern vielmehr: jemand zu sein oder etwas beizutragen. Speziell bei der Mundpropaganda ist noch ein dritter Aspekt relevant: Zu den ersten zu gehören, die von einer Sache Wind bekommen haben, und/oder Mitglied eines ‚eingeweihten' Kreises zu sein. Ein Produkt, das sich durch künstliche Verknappung rar macht, nutzt diesen Aspekt in besonderem Maße. Karl Lagerfelds H&M-Kollektion war ein wunderbares Beispiel dafür.

Man gebe also potenziellen Empfehlern etwas, was sie gut aussehen lässt, womit sie anderen nützen oder sich selbst profilieren können, dann hat es gute Chancen, von ihnen empfohlen zu werden. Empfehlungen sind allerdings immer subjektiv und sehr persönlich. Sie sagen etwas über die eigenen Wertvorstellungen. Und sie polarisieren. Das, was man empfiehlt, mag man sehr – und anderes gar nicht. Für das, worüber man mit Leidenschaft spricht, geht man manchmal ‚durchs Feuer'. Und etwas, das man hasst wie die Pest, weil es einen zutiefst verletzt oder enttäuscht hat, will man bisweilen zerstören.

Damit wird klar: Empfehlungen sind eine höchst emotionale Angelegenheit. Und für Emotionen ist unser Gehirn zuständig. Schauen wir also mal kurz dort vorbei.

Der Stoff, aus dem Empfehlungen sind

Das Gehirn ist ganz schön in Mode gekommen. Hirnforscher liefern uns immer mehr Einsichten darüber, was im Oberstübchen des Menschen vorgeht, wenn er an seinen Lieblingsmitmenschen denkt, über ‚seine' Marke spricht oder Kaufentscheidungen vorbereitet. Was genau gedacht wird, das sieht man leider nicht. Zumindest aber erkennen wir, per Hirnscanner gefahrlos sichtbar gemacht, in welch unterschiedlichen Hirnarealen gedacht, verarbeitet und schließlich entschieden wird, und wie sich das alles verknüpft.

Zunächst: Für Emotionen ist nicht eine einzelne Hirnregion zuständig, vielmehr ist quasi unser ganzes Hirn emotional. Jeder Impuls, der über die Sinne auf unsere Hirnwindungen trifft, wird in blitzschnellen Schritten zunächst emotional bewertet. Dabei geht es erst einmal nur um zwei Entscheidungen: Vermeide Negatives, suche Positives! Das heißt: Unser Hirn liebt das Happy End. Zu diesem Zweck ist es mit einem Belohnungszentrum ausgestattet. Dieses bedankt sich für angenehme Erfahrungen, für freundliche Worte, für ein ehrliches Lächeln und ein wertschätzendes Lob, indem es Glückshormone ausschüttet. Diese körpereigenen Opiate, den Drogen chemisch sehr ähnlich, geben uns ein wohliges Gefühl, sie machen uns – je nach Art und Dosierung – glücklich, euphorisch, ekstatisch. Davon wollen wir mehr!

Wer einen solchen ‚Kick' erlebt hat, kauft nicht nur immer wieder, er teilt dieses Erlebnis auch gerne mit Gleichgesinnten. Er findet offene Ohren – und Nachahmer. Negatives hört unser Hirn übrigens aus zwei Gründen so gern: Erstens, weil eine schlechte Nachricht – wenn sie uns nicht selbst betrifft – diesen Nervenkitzel verursacht, den auch Schaulustige verspüren: Wir waren nahe dran, aber es ist uns nichts passiert, wir sind noch mal davongekommen. Und zweitens, weil es dabei etwas zu lernen gibt und eine prophylaktische

Vermeidungsstrategie entwickelt werden kann, die dann beispielsweise heißt: Nicht kaufen!

Eine hilfreiche Empfehlung für eine gute Sache auszusprechen, die beim anderen wohlwollend aufgenommen wird, macht beide Seiten froh. Man badet gemeinsam in guten Gefühlen und redet darüber. So kommt eine Empfehlungswelle in Gang, die Firmen und Marken auf der Beliebtheitsskala plötzlich ganz nach oben spült. In der Mode und bei trendigen Produkten ist dieses Phänomen besonders gut zu beobachten: Ein ‚Hype' entsteht und dies bekommt manchmal geradezu epidemische Ausmaße. Insofern ist der Begriff des viralen Marketing, auch wenn er zunächst eher negative Assoziationen auslöst, recht treffend gewählt.

Wenn wir einmal genauer hinschauen, gibt es gleich zwei Gründe, weshalb unser Hirn Empfehlungen zu lieben scheint:

1. Unser Hirn mag es einfach. Es favorisiert anstrengungslose Informationsverarbeitung. In Zusammenhang mit Marken ist dieses Phänomen ausgetestet. Starke Marken machen unserem Hirn die Arbeit leicht, denn es (er)kennt die Marke, es versteht, wofür die Marke steht, und braucht sich daher nicht mühen, sie zu decodieren. Schwache Marken hingegen sind anstrengend, denn es erfordert zusätzliche Energie, sie zu entziffern. Und dabei können Fehler passieren. Unser Hirn ist aber ständig auf der Suche nach Risikominimierung. Positive Erfahrungen hingegen sucht es zu maximieren. Folge: Unser Hirn liebt Empfehlungen. Sie machen uns, wie starke Marken auch, das Leben einfach, sie reduzieren Komplexität, verschaffen Sicherheit und geben uns damit ein gutes Gefühl. Gute Gefühle sind nun nichts anderes als die Ausschüttung von Glücksbotenstoffen – und diese wiederum machen uns süchtig. So werden beide Seiten, also der Empfehler wie auch der Empfehlungsnehmer, wenn die gemachte Erfahrung eine positive war, diesen Vorgang wiederholen, das heißt in Zukunft öfter Empfehlungen aussprechen beziehungsweise stärker auf Empfehlungen setzen. Den Empfehlungsgeber, der uns solchermaßen gute Gefühle verschafft hat, werden wir stärker ins Vertrauen ziehen. Und die empfohlene Leistung, mit der wir gute Erfahrungen gemacht haben, werden wir zunehmend frequentieren – und ebenfalls weiterempfehlen. Ergo: Empfehlungen gaben Suchtpotenzial.

2. Empfehlungen stimulieren unser Belohnungssystem. Dieses tritt immer dann in Aktion, wenn eine Sache von unserem Hirn für gut geheißen wird. Es belohnt uns zum Beispiel für eine gelungene Flucht. Ausdauernde Läufer kennen das als ‚runners high'. Bei Sportwagen, das wurde im Hirnscanner getestet, ist das männliche celebrale Belohnungssystem besonders aktiv, bei Kleinwagen hingegen fährt es auf Sparflamme. Auch altruistisches Verhalten und ‚Gutes tun' machen uns glücklich. ‚Helpers high' wird dieser Zustand genannt. So haben US-Wissenschaftler festgestellt, dass freiwilliges Spenden für einen guten Zweck die gleichen Hirnareale mobilisiert, die auch dann aktiv sind, wenn wir einen Zuwachs beim eigenen Vermögen erwarten. Selbst die Bestrafung unmoralischen Verhaltens mobilisiert unser Belohnungssystem. Soziales Engagement und gute Taten, sich also als wertvolles Mitglied einer Gemeinschaft zu zeigen, sind demnach starke Mo-

tivatoren und können eindeutig vor monetären Beweggründen stehen. Auch wenn es nicht immer so aussieht: Rein egoistische und auf Gewinnmaximierung ausgerichtete Ziele sind bei Weitem nicht für jeden ein Thema. Durch Studien wurde übrigens bewiesen, dass wir sogar auf Geld verzichten, wenn uns eine Sache als ungerecht erscheint.

So erfasst das Nürnberger Marktforschungsinstitut Puls, das ein sogenanntes ‚Moralbarometer' entwickelt hat, unter anderem die Bereitschaft der Verbraucher, für sozialverantwortliche Leistungen einen Aufpreis zu zahlen. Etwa drei Viertel aller Befragten geben an, dies zu tun. Der ‚Moralzuschlag' lag 2007 bei 12,4 Prozent. Somit gilt:

> Tue Gutes, rede kontinuierlich darüber und sei glaubwürdig dabei!
> Dann spricht man nicht nur gut über dich, sondern ist – wenn man kann – gerne auch bereit, sich das etwas kosten zu lassen.

Übrigens: Es gibt aktive und passive Empfehler. Passive Empfehler warten, bis sie bei passender Gelegenheit gefragt werden. Aktive Empfehler ergreifen von sich aus die Initiative. Sie sind oft anspruchsvolle Verbraucher mit hoher Durchsetzungskraft. Sie reden gerne darüber, wofür sie ihr Geld ausgeben. Sie sind Vorreiter und kennen die neuesten Trends. Sie sind Experten auf ihrem Gebiet. Sie genießen einen guten Ruf, daher wird ihr Rat besonders geschätzt. Sie sprechen allerdings eine Empfehlung erst dann aus, wenn sie sich ihrer Sache absolut sicher sind. Denn mit jeder Empfehlung steht auch die eigene Reputation auf dem Spiel.

Aktive positive Empfehlungen sind das Wertvollste, das ein Unternehmen von seinen Kunden bekommen kann. Das Marketing und die komplette Vertriebsmannschaft müssen lernen, gezielt ihre Kunden als positive Kommunikatoren so mit einzubinden, dass diese begeistert Empfehlungen aussprechen. Solchermaßen ,infizierte' Kunden werden gerade dann zu vehementen Verteidigern, wenn ein anderer Kunde einmal Bösartiges erzählt. *„Da haben Sie sicher einen schlechten Tag erwischt"*, heißt es dann. *„Bei mir hat immer alles ganz prima geklappt. Ich kann Ihnen das Unternehmen wirklich wärmstens empfehlen."*

Die Wirkung negativer Empfehlungen

Natürlich gibt es nicht nur positive Empfehler, sondern auch negative. Wer wegen nicht eingehaltener Werbeversprechen frustriert ist, wer sich inkompetent beraten oder über den sprichwörtlichen Tisch gezogen fühlt, wer eine schlechte Qualität oder einen miserablen Service erhalten hat, wer nicht beachtet und respektlos behandelt oder sonstwie enttäuscht wurde, wird sich garantiert rächen: mit massenhaft schlechter Mundpropaganda. „Um Gottes willen! Kaufen Sie bloß nicht bei ...!", heißt es dann. Und nun folgt eine dramatische Schilderung dessen, was man dort alles erlebt hat. So wollen wir andere vor Schaden bewahren.

Dabei kann ein einziger Kunde dafür sorgen, dass in seinem Umfeld wirklich niemand mehr bei Ihnen kauft. Und über das Web kann er der ganzen Welt erzählen, wie es um Sie steht. Gerade Negativberichte verbreiten sich im Netz mit rasender Geschwindigkeit. Schnell folgen Zeitung und Fernsehen und weiten das Ganze skandalträchtig aus. Denn die Zahl der TV-Stationen und Print-Titel ist groß und alle brauchen Stoff. Der Medienrummel kann schließlich zu Verbraucherboykotten in großem Stil führen – und Firmen ruinieren.

So hat die amerikanische Firma Kryptonite einen Schaden in Millionenhöhe sowie einen beträchtlichen Imageverlust erlitten, nachdem das beliebte Technik-Weblog www.engadget.com in einem Video zeigte, wie einfach sich die angeblich extrem sicheren und hochpreisigen Fahrradschlösser der Firma mithilfe eines Billigkugelschreibers knacken lassen. Sogar die New York Times berichtete darüber.

Oft tappen Unternehmen bei so was lange im Dunkeln, weil sie sich, ihr Image betreffend, falschen Illusionen hingeben. Oder weil sie zu selbstsicher sind. Oder weil sie blind und taub sind für die Unzufriedenheit ihrer Kunden. Wir alle kennen die lieblos-uninteressierte Frage des Kellners nach dem Essen, ob es uns geschmeckt hat. Und wie oft haben wir „Danke, gut" gesagt, obwohl wir schon längst entschlossen waren, in dieses Restaurant nie wieder zu gehen und alle lieben Freunde zu warnen. Viele Unternehmen haben keinen Schimmer, was sich möglicherweise hinter ihrem Rücken bereits zusammenbraut.

Wenn Sie tatsächlich etwas über das Befinden und die Zufriedenheit Ihrer Kunden erfahren wollen, dann stellen Sie Fragen, die Ihnen wertvolle Informationen geben. Und keine solchen, die, weil sie genehme Antworten provozieren, nur Ihrem Ego schmeicheln. Fragen, die sich lohnen:

Von all den Dingen, die Sie bei uns mögen, was gefällt Ihnen davon am besten?

- Und wenn es eine Sache gibt, die wir unbedingt verbessern sollten, was wäre dann das Wichtigste für Sie?
- Wie würde für Sie eine perfekte Leistung aussehen? Erzählen Sie mal!

Und nun hören Sie genau hin. Lesen Sie auch im Gesicht und in den feinen Spuren der Gestik Ihrer Gesprächspartner. Unsere Körpersprache ist viel ehrlicher als das gesprochene Wort. Sie sagt uns eine Menge über die Begeisterung unserer Kunden, verrät aber auch ihre Gleichgültigkeit oder gar ihre Abscheu.

Oft machen es sich beide Seiten jedoch zu einfach. Nehmen wir eine Szene im Hotel. Da kommt der Geschäftsmann stinksauer an die Rezeption, weil einfach überhaupt nichts geklappt hat. Er hat sich fest vorgenommen, eindringlich zu reklamieren. Und nun steht da diese wirklich hübsche, freundliche, sympathische junge Dame und fragt, ob alles O. K. war. Plötzlich wird er handzahm. Sie kann ja schließlich nichts dafür, und er will keinen schlechten Eindruck machen. Und so schlimm war es nun auch wieder nicht. „Wenn er sagt, dass alles in Ordnung war, dann wird er's auch so meinen", denkt die Rezeptionistin und ist froh, ihre Ruhe zu haben. Fazit: Den Kunden muss es leicht gemacht werden, etwaige Reklamationen aussprechen zu können, damit sich der Schaden in Grenzen hält.

Kopf und Herz berühren

Nur, wer von Ihrer Sache restlos überzeugt und Ihnen wohlgesonnen ist, wird Sie enthusiastisch weiterempfehlen. Sie müssen also vertrauenswürdig und sympathisch wirken. Sie müssen Kopf und Herz Ihrer Fürsprecher erobert haben, erst

dann kommt das Empfehlungsgeschäft so richtig in Gang. Denn wir empfehlen niemanden, den wir nicht leiden können.

Für seine Freunde will man nur das Beste. Doch selbst, wenn ein Kunde tatsächlich mit Ihren Leistungen zufrieden ist: Das reicht nicht. Zufrieden heißt befriedigend. Und befriedigend heißt: mittelmäßig, beliebig, austauschbar. Wer gerade mal zufrieden ist, wird für Sie nie und nimmer empfehlend aktiv. Nur, wer durch und durch begeistert ist, wird Sie in den höchsten Tönen loben. Denn wenn Menschen emotional berührt werden, suchen sie den Kontakt zu Mitmenschen und erzählen gern. So werden sie schließlich zu Botschaftern eines Unternehmens, die mit missionarischem Eifer die frohe Kunde durch das Land tragen. Mit maximaler Überzeugungskraft und großer Leidenschaft werden sie andere dazu ermuntern, nur noch bei Ihnen zu kaufen. So wirkungsvoll sind aktive positive Empfehler – einfach unschlagbar.

Eine an der Fachhochschule Kiel durchgeführte Studie im Bankenbereich bestätigt übrigens die naheliegende Vermutung, dass Kunden der Mundpropaganda mehr Glauben schenken als herkömmlicher Werbung. Über 73 Prozent der Befragten gaben an, ein Finanzprodukt aufgrund einer Empfehlung bevorzugt nachzufragen, wobei auch zutage kam, dass Finanzprodukte zögerlicher weiterempfohlen werden als die Produkte anderer Branchen. Weiterhin zeigte die Studie, dass die Befragten bereit waren, ihre Erfahrungen mit durchschnittlich sechs weiteren Personen zu teilen. Schließlich stellte sich heraus, dass nicht Geld- und Sachprämien, sondern vor allem softe Faktoren wie Freundlichkeit und die zügige Ab-

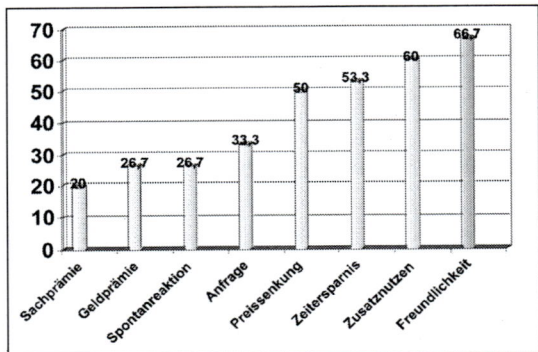

Abbildung 1: Ergebnisse auf die Frage „Was löst bei Ihnen oft oder sehr oft eine Empfehlung aus?" (Mehrfachnennungen möglich). Eine Untersuchung der Fachhochschule Kiel aus dem Jahr 2004 bei einer ausgewählten Bank.

wicklung eines Geschäfts entscheidende Auslöser für das Aussprechen einer Empfehlung waren.

Die Ergebnisse verdeutlichen, dass vor allem das wohltuende Verhalten der Mitarbeiter – und nicht Sachleistungen und Bindungsinstrumente – Kundenloyalität und damit eine Wiederkauf- und Empfehlungsabsicht auslösen. Unternehmen ist also zu raten: Machen Sie endlich Schluss damit, Ihr Geld in sündhaft teuren Werbe- und Kundenbindungsprogrammen zu verpulvern, investieren Sie vielmehr in Ihre Mitarbeiter. Billige Mitarbeiter leisten keine Spitzenarbeit. Weil sie nicht können – oder nicht wollen. Wieso sollte jemand für miese Bezahlung einen Topjob machen?

Diese Hinweise zeigen auch: Mit Druck sind keine Empfehlungen zu bekommen. Die superdominanten Helden des Hardselling, die mit machiavellischen Kriegslisten in den täglichen Kampf um Kunden ziehen und an der Verkaufsfront ‚Abschüsse' machen, haben nun wirklich ausgedient. Wer Kunden erschreckt und einschüchtert und ih-

nen etwas ‚reinzudrücken' versucht, verzeichnet höchstens mal einen Sofort-Erfolg, aber das war's dann auch. Von aufgeklärten Verbrauchern wird Druckverkauf schon längst als solcher entlarvt. Sie wenden sich angewidert ab und Besserem zu. Wer sich in die Enge getrieben oder übers Ohr gehauen fühlt, der wird sich früher oder später immer rächen. Mit massenhaft übler Nachrede zum Beispiel.

Druck erzeugt Gegendruck – oder panischen Rückzug. So wirkt das mächtige Freund-Feind-Szenario aus unseren alten Steinzeit-Tagen auch heute noch. Arbeiten Sie besser mit Brain statt Bizeps, also mit intelligentem und kundenfokussiertem Verhalten anstatt mit Powerplay und Kräftemessen. Und ohne jede Manipulation. Ein durchschauter Manipulationsversuch ist ein schwerwiegender Vertrauensmissbrauch und wird vom Kunden immer geahndet.

Seine Empfehlungsrate steuern

„Wenn wir Glück haben, entsteht zusätzlich zu unserer Werbung auch ein wenig Mundpropaganda", höre ich so manchen Marketing- und Vertriebsleiter hoffnungsvoll sagen. Meine Botschaft lautet: Empfehlungen sind kein Glücksfall, sondern die Ernte zielgerichteter Arbeit. Die meisten gut besuchten Urlaubsorte bekommen mehr Gäste durch Mund-zu-Mund-Werbung als durch alle anderen Werbemaßnahmen zusammen – und das zu einem Bruchteil der Kosten. Gleiches gilt für den aktuellen Kinohit, den kompetenten Rechtsanwalt, den angesagten Friseur, den zuverlässigen Handwerker und viele andere mehr.

Gerade für Freiberufler sowie für kleine und mittelständische Unternehmen ist ein wirkungsvolles Empfehlungsmarketing unumgänglich. Denn sie können sich die satten Werbekampagnen der Großen ganz einfach nicht leisten. Doch auch die Großen entdecken mehr und mehr die Kosten dämpfenden, Image steigernden und umsatzträchtigen Früchte des Empfehlungsmarketing. So will Procter & Gamble in Zukunft 25 Prozent seines Werbebudgets in Mundpropaganda-Marketing investieren. Bei Unternehmen, die stark vom Einmal-Geschäft leben, wie zum Beispiel Fertighaus-Hersteller, Opernhäuser und Ausflugslokale, spielt die Stimulierung des Empfehlungsgeschäftes eine geradezu existenzielle Rolle. Ein rühriges Empfehlungsmarketing ersetzt hier die besonders mühsame Neukunden-Werbung.

Wer gut im Geschäft ist, sollte seine Empfehlungsrate kennen. Sie ist der Ausgangspunkt im Empfehlungsmarketing. Doch leider überlassen es die meisten Firmen dem puren Zufall, ob ihre Kunden sie weiterempfehlen. Das Empfehlungsgeschäft systematisch anzukurbeln, ist wie reiner Sauerstoff für Ihre Umsätze. Eine Empfehlung ist der beste Türöffner. Von seinen Kunden empfohlen zu werden, ist nicht nur die wirkungsvollste, sondern auch die kostengünstigste Form der Kunden-Neugewinnung – und damit die intelligenteste Rendite-Zuwachsstrategie der Welt.

Was Sie dazu wissen müssen:

- Wie viele Kunden empfehlen uns weiter? Und warum genau?
- Wer genau hat uns empfohlen? Und wie bedanken wir uns dafür?
- Wie viele Kunden sind aufgrund einer Empfehlung zu uns gekommen?
- Wie ist der Empfehlungsprozess ganz konkret gelaufen?

Die Empfehlungsrate, ich sagte es im Vorwort schon, ist eine der wichtigsten betriebswirtschaftlichen Kennzahlen. Sie sollte im Geschäftsbericht ganz vorne stehen! Denn sie entscheidet über die Zukunft eines Unternehmens. Doch so banal das klingt: Kaum jemand, den ich je fragte, konnte mir auf Anhieb seine exakte Empfehlungsquote nennen – regelmäßig ermittelt, auf zwei Stellen nach dem Komma und nicht nur grob geschätzt! Und Sie?

Dabei ist der Weg dorthin denkbar einfach: Fragen Sie bei passender Gelegenheit eine ausreichend große Anzahl an Neukunden, die von sich aus den Weg zu Ihnen fanden: *„Wie sind Sie eigentlich auf uns aufmerksam geworden?"* Stellen Sie den Anteil der Empfehlungsnehmer fest und entscheiden Sie, ob Ihnen das reicht. Ergründen Sie ferner, weshalb Sie empfohlen wurden und wie der Empfehlungsprozess im Einzelnen gelaufen ist, sodass diese Erfolgsparameter in Zukunft gezielt wiederholt werden können. Analysieren Sie schließlich, wie sich die Empfehlungsrate in Hinblick auf Geschlecht, Alter, Regionen, Branchen etc. entwickelt. Und dann erarbeiten Sie gemeinsam mit Ihren Mitarbeitern einen Plan, um Ihre derzeitige Quote deutlich zu steigern. Denn es lohnt sich, wie folgende Rechnung eindrucksvoll zeigt.

Eine Rechnung, die aufgeht: Der Loyalty Value

Viele Unternehmen kaprizieren sich heute auf die Errechnung des Kundenwerts. Dieser auch gerne ,Lifetime Value' genannte Wert bezeichnet den Umsatz beziehungsweise den Ertrag, den ein Unternehmer mit einem Kunden während des gesamten Kundenbeziehungszeitraums erwirtschaftet.

Viel interessanter – weil profitabler – ist der Loyalitätswert eines Kunden. Er setzt sich aus dem ,Lifetime Value' und dem ,Recommendation Value', also dem Empfehlungswert, zusammen. Wir verwenden hier in einer vereinfachten Rechnung als ,Lifetime Value' beziehungsweise Kundenwert den nicht abgezinsten kumulierten zukünftigen Umsatz plus Kosteneinsparungen.

Nehmen wir einmal an, dass ein loyaler Kunde fünf Käufe pro Jahr mit einem durchschnittlichen Umsatz von 150 Euro je Kauf tätigt. Bei einem Kundenbeziehungszeitraum von zehn Jahren und einer Kostenersparnis pro Kauf (für nicht notwendige Werbemaßnahmen, Prozessoptimierungen etc.) von fünf Euro ergibt das:

Kundenwert =
$(5 \times 150 \times 10) + (5 \times 5 \times 10) = 7.500 + 250 =$
7.750 Euro

Der Recommendation Value 1 oder Empfehlungswert 1 setzt sich analog aus dem Umsatz der neuen Kunden sowie aus Kostenersparnissen zusammen. Gehen wir davon aus, dass unser loyaler Kunde pro Jahr nur einen einzigen neuen Kunden bringt und jeder neue Kunde im Durchschnitt den halben Lifetime Value aufweist, so ergibt das inklusive

einer Akquisekosten-Ersparnis von 100 Euro pro Kunde:

Empfehlungswert 1 =
$(10 \times 3.875) + (10 \times 100) =$ **39.750 Euro**

Der ,Loyalty Value' beträgt in diesem Beispiel also für einen einzigen Kunden 47.500 Euro und ist etwa fünf Mal so hoch wie sein Kundenwert. Der Wert aus möglichen Verbesserungsvorschlägen beziehungsweise Innovationsanstößen müsste dem noch hinzugerechnet werden. Denn Kunden können ja auch Ideengeber und damit kostenlose Unternehmensberater sein.

Und das ist bei Weitem noch nicht alles. Begeisterte Empfehlungsnehmer werden, wenn man richtig mit ihnen umzugehen weiß, ihrerseits zu Empfehlern und versetzen ihr ganzes Umfeld in einen Empfehlungsrausch. Schließlich werden sogar Menschen, die nicht einmal Ihre Kunden sind, aber ständig von allen Seiten Gutes über Sie gehört haben, zu aktiven Empfehlern. Aus dem so gewonnenen Geschäft errechnet sich der Empfehlungswert 2. Er beträgt ein Vielfaches des Empfehlungswert 1, steigt exponentiell und kann meist nur geschätzt werden.

Wer seinen Erfolg potenzieren will, fokussiert auf den Empfehlungswert 2. Ein solches Unternehmen hat nicht nur eine Vielzahl begeisterter Empfehler, sondern macht auch die, die aufgrund einer Empfehlung gekauft haben, ihrerseits zu aktiven Empfehlern. So setzt sich eine Empfehlungsspirale in Gang, die sich immer weiter nach oben dreht.

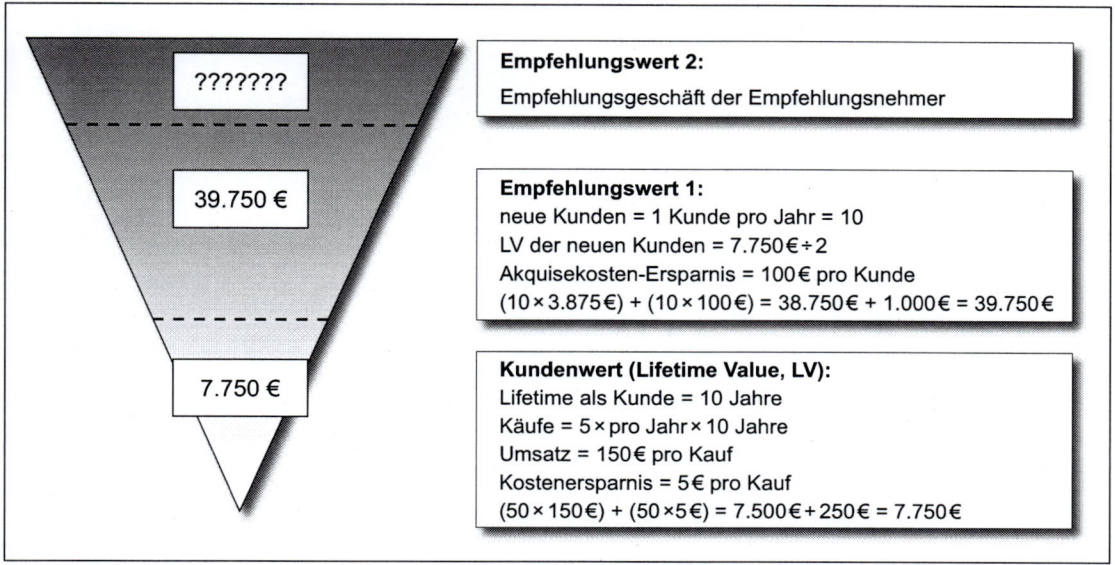

Abbildung 2: Der Loyalty Value eines Käufers in einer Beispielrechnung. Alle Zahlen sind eher konservativ gewählt. So liegen etwa die Akquisekosten für die Neukunden-Gewinnung in vielen Branchen weit über 100 Euro.

Ich selbst arbeite übrigens, wie viele meiner erfolgreichen Berater-, Trainer- und Referenten-Kollegen, nach genau diesem Prinzip und kann Ihnen deshalb aus eigener Erfahrung sagen: Es funktioniert prima.

Mit Empfehlungsgebern richtig umgehen

Damit eine Leistung guten Gewissens weiterempfohlen werden kann, muss diese empfehlenswert sein. Wer fair berät, Spitzenleistungen erbringt und mächtig begeistert, wird sicher weiterempfohlen. Mit einer exzellenten Empfehlung erzielt man Aufmerksamkeit und Anerkennung, erntet Lob und Dank. Mit einem schlechten Rat dagegen riskiert man Spott und Tadel. Nun versetzen Sie sich einmal in die Lage eines Ihrer Empfehler. Dank Ihrer Spitzenleistung wird er zusätzliche Wertschätzung von Dritten erfahren. Das wird die Loyalität zu Ih-

nen weiter stärken. Versagen Sie dagegen, haben Sie vielleicht einen Feind fürs Leben.

Eine Empfehlung ist der beste Beweis, dass ein Kunde restlos überzeugt ist. Solche Kunden bringen uns bei anderen wohlwollend ins Gespräch, sie wecken Neugierde auf unsere Leistungen, sie wollen uns unterstützen und anderen Gutes tun. Das machen sie in selbstloser Absicht oder mit eigenen Interessen im Hintergrund. Dabei geht es, wie schon gesagt, in den meisten Fällen nicht um Geld, sondern eher um Ansehen, um Hilfsbereitschaft und andere gute zwischenmenschliche Gefühle. Auch wenn sich das nicht immer so pauschal sagen lässt: Männer nutzen Empfehlungen nicht selten dazu, Dominanz auszudrücken und damit ihren Status in ihrem mehr oder weniger hierarchisch gestuften Umfeld zu stärken. Frauen hingegen sichern über Empfehlungen oftmals soziale Bindungen und fördern Hilfe auf Gegenseitigkeit.

Jede Empfehlung ist ein Vertrauensbeweis. Wenn Sie also planen, Ihr Empfehlungsgeschäft systematisch aufzubauen, ist viel Wert auf Höchstleistungen zu legen. Sie müssen auf Ihrem Gebiet bekannt und anerkannt, also Experte und Spitzenleister sein. Empfohlen wird nur, was wirklich gut und außergewöhnlich ist, was also absolut überzeugt. So kann sich der Empfehler mit Ihnen und seinem Know-how-Vorsprung schmücken oder einem Freund etwas ganz besonders Gutes tun. Der ,Trigger', der ihn zum Handeln bringt: „Gib mir etwas, das mich gut aussehen lässt, womit ich mich profilieren kann, wofür ich Bewunderung oder Dankbarkeit von anderen bekomme. Das hat die Chance, von mir empfohlen zu werden." Die allerbesten Empfehlungen sind übrigens die sogenannten Geheimtipps.

Eine Empfehlung ist immer auch Ausdruck einer guten Beziehung zwischen Kunde und Verkäufer beziehungsweise Firma. Doch selbst, wenn diese Basis gesichert ist, kommen die wenigsten Empfehlungen voll und ganz automatisch. Man wird seine Kunden vielfach ein wenig ,impfen' müssen, damit sie ans Weiterempfehlen denken. In Kapitel 8 beschreibe ich ausführlich, wie das geht.

Eine Empfehlung ist auch ein Geschenk. An den, der die Empfehlung erhält – und an das empfohlene Unternehmen. Geben Sie Ihrem Empfehler, wenn irgendwie möglich, eine Rückmeldung, was aus seinen Empfehlungen geworden ist: unverzüglich und überschwänglich, vorzugsweise tele-

fonisch oder besser noch persönlich. Wertschätzen Sie die Person, die Sie durch ihn kennengelernt haben. Das kann sich so anhören: „Ich muss schon sagen, Sie kennen wirklich interessante/einflussreiche/angenehme Leute." Und bedanken Sie sich. Hierzu können Sie den Empfehler beispielsweise zum Essen einladen, ihm einen Gutschein senden, beim nächsten Kauf eine individuelle Überraschung bereithalten oder ihm eine Aufmerksamkeit zukommen lassen.

Was ebenfalls gut funktioniert: Wenn der Sammeltrieb angesprochen wird. Die *Süddeutsche Zeitung* und die *Bild* hatten beispielsweise mit ihren kostengünstigen Bestseller-Editionen einen so durchschlagenden Erfolg, weil die meisten Leute die dekorativ aufgemachten Werke der Weltliteratur komplett besitzen wollten. Schenken Sie also Ihren Empfehlern etwas zum Sammeln, dann kommen Empfehlungen öfter. All das wirkt umso besser, wenn der Empfehler gar nicht mit einer Aufmerksamkeit gerechnet hatte. Zu teuer? Dann überlegen Sie mal, wie teuer und beschwerlich die ,kalte' Neukunden-Gewinnung ist.

Einer meiner Kunden verschenkt beispielsweise Jahreslose der Aktion Mensch, repräsentativ gerahmt und mit dem Hinweis ,für eine gute Tat' versehen. Wenn das Los überreicht wird, wünscht er seinem Kunden selbstverständlich den Hauptgewinn und weist gleichzeitig auf den guten Zweck hin. Das Los ist das ganze Jahr über präsent, wird oft sogar aufgehängt und so zum Gesprächsstoff. Und es erinnert an den Geber.

Ich selbst bedanke mich für eine Empfehlung, die zu einem Auftrag führt, gerne mit einer Torte des Münchener Nobelkonditors Kreutzkamm, die dieser per Expressdienst an den Arbeitsplatz des Empfehlers versendet. So komme ich bei all denen ins Gespräch, mit denen der Beschenkte die Torte teilt. Einen ähnlichen Effekt erzielen Sie, wenn Sie einen großen, schönen Blumenstrauß verschicken. Jeder, der ihn bewundert, wird automatisch fragen, von wem er ist. Und schon steht der Absender im Mittelpunkt der Aufmerksamkeit. Verschenken Sie einen Gutschein, berührt das nur den Eingeladenen und seine Begleitung, schicken Sie jedoch Blumen in die Firma, berührt das viele. Und möglicherweise sind auch zukünftige Kunden dabei.

Mit Empfehlungsnehmern richtig umgehen

Mit einem Empfehlungsnehmer werden Sie besonders sorgfältig umgehen. Dazu ist zunächst herauszufinden, wer aufgrund einer Empfehlung zu Ihnen gekommen ist. Erfragen Sie, soweit möglich, den Namen des Empfehlers und vor allem, welche spezifischen Leistungen er empfohlen hat. Denn auf diese Leistungen wird der Empfehlungsnehmer besonders achten, deswegen ist er ja gekommen. Hier sind seine Erwartungen hoch. Eine Enttäuschung fiele nicht nur negativ auf Sie, sondern auch auf den Empfehler zurück. Das wollen Sie nicht nur sich selbst, sondern vor allem auch Ihrem Empfehler ersparen. Wenn Sie also nun von einem Empfehler einen Hinweis erhalten haben, dann ist Ihr Vertrieb besonders gefragt. Denn aus der Persönlichkeitsstruktur und dem Kaufverhalten des Empfehlers lassen sich bereits erste Rückschlüsse auf die voraussichtlichen Wünsche und Bedürfnisse des Interessenten ableiten. Menschen umgeben sich bevorzugt mit ihresgleichen, verbringen ihre Zeit mit Menschen, die die gleichen Interessen, Hobbys, Ansprüche etc. haben. Und Ihr Empfehler hätte Ihre Leistungen nie empfohlen, würde er nicht davon ausgehen, dass sein guter Rat beim Empfänger auf Gegenliebe stößt. Also: Da niemand den Empfehlungsnehmer so gut kennt wie Ihr Kunde, kommen genau von ihm die wertvollsten Hinweise, welche Argumente beispielsweise in einem Angebotsschreiben hervorgehoben werden können.

Ach übrigens: Sollte der Empfehlungsnehmer mit einem schlechten Eindruck zum Empfehler zurückkehren, wird sich womöglich auch dessen Einstellung zu Ihnen und Ihren Angeboten wandeln. Da eine Empfehlung ja meist im direkten Umfeld ausgesprochen wird, stehen sich beide Parteien recht nahe. Der Empfehler wird sich also vermutlich auf die Seite des Enttäuschten schlagen und nun Ihre Leistungen aus einem neuen Blickwinkel betrachten. Und zwar aus einem negativen.

Indem Sie also Ihr Augenmerk auf die (Über-)Erfüllung der empfohlenen Leistung legen, steuern Sie selbst, ob eine Weiterempfehlung die erste und letzte oder der Beginn einer ganzen Serie ist. Denn der Empfehler wird sicher eine Rückmeldung erhalten. Und auch Sie sollten ihm, wie schon angeklungen, Ihre Freude darüber mitteilen, dass Sie durch ihn einen neuen Kunden gewonnen haben. So bestätigen Sie ihn in seinem Vertrauen zu Ihrer Leistung, und er wird weitere Empfehlungen aussprechen. Die Menschen verstärken Verhalten, für das sie Anerkennung bekommen. Denn das setzt Glückshormone frei, und die wirken wie eine Droge. Davon will man mehr.

Den perfekten Zielgruppen-Mix steuern

Indem Sie mit Empfehlungsgebern und -nehmern richtig umgehen, optimieren Sie Ihren Zielgruppen-Mix. Denn Menschen sind meist mit ihresgleichen zusammen: Unternehmer kennen eine Menge anderer Unternehmer. Händler sehen sich auf Kongressen und Verbandstagungen. Hoteliers kommen in ERFA-Gruppen zusammen. Maschinenbauer, IT-Firmen und viele andere Branchen treffen sich auf ihren jeweiligen Fachmessen. Das Top-Management weilt in edlen Sommer-Camps oder kommt in honorigen Clubs zusammen. Und worüber redet man? Über die besten und die schlechtesten Dienstleister, Zulieferer, Partner … Mit welchem Anbieter man welche Erfahrungen gemacht hat … Was man unbedingt einmal ausprobieren muss … Und wen man meiden sollte wie die Pest.

„Gleich und gleich gesellt sich gern", sagt der Volksmund. Fragen Sie sich also, welche Zielgruppe Ihnen die liebste ist und wer Ihnen den Weg dorthin ebnen kann. Und was Sie tun können, damit diese Leute Sie fachlich schätzen und darüber hinaus auch gerne mögen. Denn nur wenn beides erfüllt ist, wird man Ihnen den Gefallen tun und Sie gerne weiterempfehlen. Wenn Sie sich verstärkt in homogenen Geschäftskreisen bewegen, wird folglich auch Ihr Zielgruppen-Mix homogener. Hierdurch können Sie sich immer besser auf die besonderen Anforderungen Ihrer Zielgruppen einstellen. Sie werden schließlich *der* Spezialist, *der* Experte in Ihrem Bereich und für Ihre Zielgruppe die Nummer 1. Sie haben sich eine komfortable Marktnische erobert. Glückwunsch!

Was Mundpropaganda und Empfehlungsmarketing unterscheidet

Im Verlauf des Buches werden die Begriffe Mund-zu-Mund-Werbung und Empfehlung respektive Mundpropaganda- und Empfehlungsmarketing mehr oder weniger synonym verwendet. Das sind sie nicht ganz. Allerdings gibt es eine große Schnittmenge und die Grenzen sind fließend. Die graduellen Unterschiede haben einerseits mit der Intensität zu tun, mit der man über ein Unternehmen und seine Angebote spricht, andererseits auch mit der Intensität, mit der dies vom Gesprächspartner angenommen wird. Ferner sind die Zielrichtung sowie der Zeithorizont zu betrachten.

Durchforstet man die Literatur, so findet man alle möglichen Versuche, die Begrifflichkeiten unter einen Hut zu bringen. Für die Word of Mouth Marketing Association (WOMMA) ist (logischerweise) Word of Mouth der Oberbegriff. Dieser wird ins Deutsche frei übersetzt mit Mundpropaganda, ein Terminus, der für viele allerdings ein ‚Geschmäckle' hat. Bei Wikipedia ist dazu Folgendes zu lesen: *„Propaganda bezeichnet einen absichtlichen und systematischen Versuch, Sichtweisen zu formen, Erkenntnisse zu manipulieren und Verhalten zu steuern zum Zwecke der Erzeugung einer vom Propagandisten erwünschten Reaktion."*

Von Martin Oetting wird in Anlehnung an das gleichnamige Herausgeber-Buch der Begriff Connected Marketing vorgeschlagen, der Advocating, Viral-, Buzz-, Mundpropaganda-Marketing umspannt (noch nicht erklärte Begriffe werden später erläutert). Marketing-Fachmann Alexander Körner erklärt es so: *„Mundpropaganda-Marketing stellt darauf ab, zwei Formen von Verbraucherinteraktion auszulösen: Die Einbindung von Marke und Produkt in den aufmerksamkeitsstarken Verbraucherdialog (Buzz) sowie den Austausch von Produkterfahrung verbunden mit einer Wertung beziehungsweise Empfehlung (Advocating)."* In älteren Büchern zum Thema Empfehlungsmarketing wie denen von Klaus-J. Fink und Kerstin Friedrich kommen die neuen und stark Internet-basierten Mundpropaganda-Möglichkeiten noch gar nicht vor. Sie betrachten das Empfehlungsmarketing vor allem als Mittel der Vertriebssteuerung. Und was in der Literatur gerne als Viral-Marketing bezeichnet wird, ist in Wirklichkeit meist virale Online-Werbung, wobei Werbung bekanntlich nur ein Teilaspekt des Marketing ist.

Hier finden Sie nun meine Gedanken zum Thema:

Mundpropaganda-Marketing: Bei der Mundpropaganda geht es vorrangig um das mehr oder weniger meinungsbildende ,über ein Unternehmen und seine Angebote Reden'. („Ich hab da was gesehen?" oder: „Hast du das schon gehört?") Dies kann persönlich, telefonisch oder schriftlich sowohl verbal als auch bildlich in der realen und/oder virtuellen Welt geschehen.

Mundpropaganda-Marketing will demzufolge Aktivitäten auf solche Weise steuern, dass in den passenden Zielgruppen möglichst positiv über einen Anbieter respektive über seine Marken, Produkte und Services kommuniziert wird. Dies soll Aufmerksamkeit und Interesse wecken, den Bekanntheitsgrad, das Image und in der Folge auch die Abverkäufe steigern. Die Aktionen gehen mehr

in die ,Breite', die zeitliche Ausrichtung ist eher kurzfristiger Natur. Mundpropaganda-Marketing, das oft auch als CtoC-Marketing (Consumer-zu-Consumer) bezeichnet wird, ist insbesondere in den relativ schnelldrehenden Consumer-Märkten ein Mittel der Wahl.

Empfehlungsmarketing: Eine Empfehlung impliziert über die reine Kommunikation hinaus einen einflussnehmenden Handlungshinweis, sei er positiver oder negativer Natur, dem in den meisten Fällen eine eigene Erfahrung mit dem jeweiligen Angebot vorausgeht („Kann ich dir empfehlen!" oder: „Kauf das bloß nicht!"). Dabei wird in aller Regel ein nicht kommerzielles Interesse des Empfehlers unterstellt. Das macht ihn glaub- und vertrauenswürdig.

Empfehlungsmarketing will demzufolge mithilfe einer geeigneten Wahl der Mittel eine möglichst große Anzahl von positiven Empfehlungen stimulieren, um auf diese Weise Neukundengeschäft und dauerhaft gesteigerte Umsätze zu generieren. Dies ist nicht nur die Sache einer bestimmten Abteilung wie etwa Sales & Marketing, sondern letztlich die Verpflichtung des gesamten Unternehmens. Insofern ist Empfehlungsmarketing eher langfristiger Natur und geht mehr in die ,Tiefe'. Empfehlungsmarketing ist sowohl für BtoC- als auch für BtoB-Märkte gut geeignet.

Es kann natürlich, wenn gut gemacht, jede Anzeige, jedes Plakat und jeder TV-Spot Mundpropaganda auslösen. Jeder Pressebericht kann sowohl positive als auch negative Effekte haben. Jedes Event, jedes Sampling (= kostenlose Proben), jedes Product Placement in Filmen, Fernsehsen-

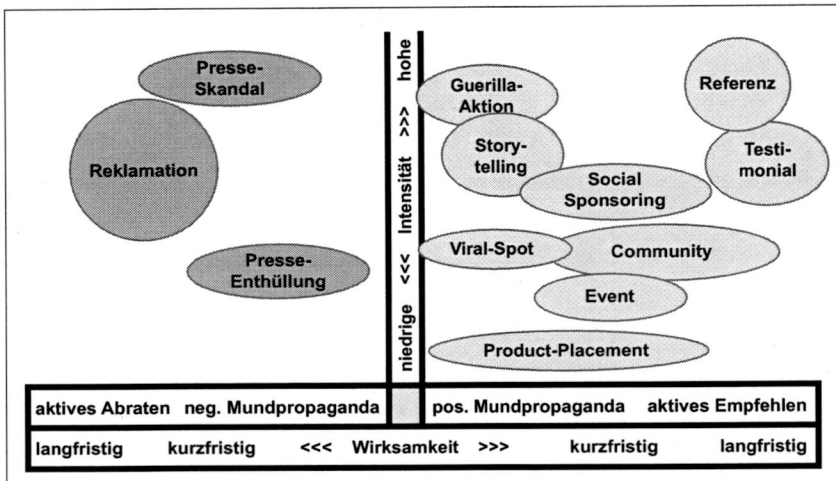

Abbildung 3:

Nahezu jede Form der Kommunikation eines Unternehmens und seiner Mitarbeiter kann positive wie auch negative Mundpropaganda auslösen respektive zu entsprechenden Empfehlungen führen. Die Darstellung zeigt nur einige der möglichen Auslöser für Mundpropaganda beziehungsweise Empfehlungsmarketing.

dungen und an den Körpern von Stars, jede Form von Sponsoring und all die anderen Aktivitäten im Bereich der Social Corporate Responsibility (CSR, ‚social' heißt dabei nicht sozial, sondern gesellschaftlich) können in eine Empfehlung münden. Celebrity Marketing, wenn also Promis bezahlt oder unbezahlt für eine Sache werben, kann Marken in großem Stil ins Gespräch bringen. Im Verlauf des Buches wollen wir uns allerdings nur mit den Methoden befassen, die in besonderer Form darauf zielen, Mundpropaganda und Empfehlungen zu generieren.

Aus ökonomischer Sicht favorisiere ich dabei das Empfehlungsmarketing. Das Mundpropaganda-Marketing hat zwar in den letzten Jahren stark an Popularität und gegenüber der klassischen Werbung deutlich an Boden gewonnen, es beschäftigt sich allerdings vielfach zu sehr mit kurzfristigen Effekten statt mit nachhaltiger Effizienz. Nicht wenige Aktionen werden immer noch ‚um ihrer selbst willen' gemacht, ohne auf die Marke und

dauerhafte Kundenbeziehungen einzuzahlen. Gerade weil in der viralen Online-Werbung das Messen von Ergebnissen in Form von Klickraten etc. relativ einfach ist, passiert – wie so oft – wieder Folgendes: Da in den Management-Etagen (nur) Zahlen zählen, tut man auch (nur) das, was sich zählen und messen lässt. Und vergisst dabei leicht, dass am Ende nicht Reichweite und Bekanntheitsgrad, sondern einzig und allein Abverkäufe den erwünschten Mehrumsatz bringen. Wir werden das Thema später noch weiter vertiefen.

Um medien- und ertragswirksame Mundpropaganda zu generieren, sind zunehmend die Kreationen spezialisierter Werbeprofis gefragt. Zwar steigen Ruhm und Ehre einer Agentur bei geglückten Aktionen, mit klassischer Werbung lässt sich hingegen heute immer noch viel mehr Geld verdienen – was die monetäre Freude an viralen Experimenten trübt. Neue Vergütungsmodelle sind von daher gefragt.

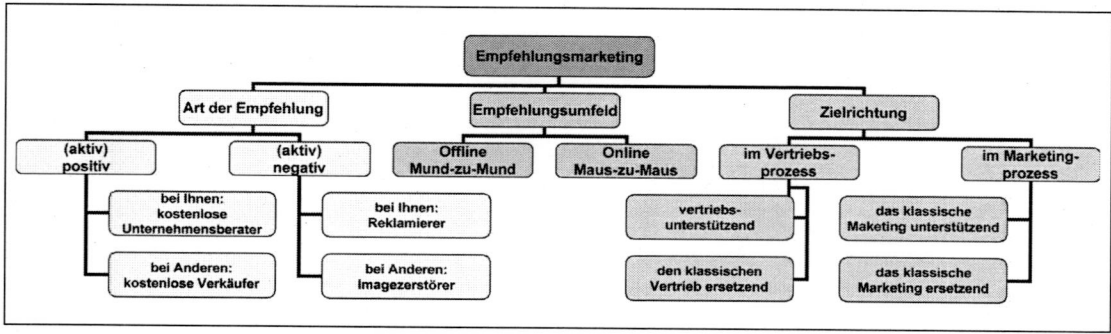

Abbildung 4: Die einzelnen Facetten des modernen Empfehlungsmarketing

Die Bandbreite des modernen Empfehlungsmarketing

Das Empfehlungsmarketing, einst nur die Frage nach ein paar Adressen, hat sich, wie bereits im Rahmen der bisherigen Ausführungen deutlich wurde, in den letzten Jahren mächtig weiterentwickelt. Es ist heute sehr facettenreich – und gehört an die vorderste Stelle in jeden Marketingplan. Denn es ist der beste Weg zu neuen Kunden. Es kann zwar in den meisten Fällen die klassischen Marketing- und Vertriebsanstrengungen nicht vollständig ersetzen, kann diese aber weitläufig ergänzen. Einen kompletten Überblick gibt das Schaubild in Abbildung 4.

Während eine kurzlebige Mundpropaganda-Aktion oft ad hoc erfolgt, benötigt anhaltendes Empfehlungsgeschäft ein solides Fundament. Dieses stützt sich auf Spitzenleister, die Spitzenleistungen erbringen – auf der Basis von Vertrauen und Begeisterung. Ohne dieses Fundament wird es keine wiederkehrenden Empfehlungen geben. Damit beschäftigen sich ausführlich die nächsten

vier Kapitel. Ab Kapitel 7 lesen Sie dann, wie Sie Ihr Empfehlungsgeschäft strategisch aufbauen und Schritt für Schritt entwickeln können.

Um klassische sowie brandneue Methoden des Empfehlungsmarketing geht es dann in Kapitel 8. Mit der Welt der Online-Mundpropaganda beschäftigt sich Kapitel 9, mit der des Guerilla-Marketing Kapitel 10. Wie die Presse Ihr Empfehlungsgeschäft unterstützen kann, erfahren Sie in Kapitel 11. In Kapitel 12 hören Sie mehr über das für die Mundpropaganda so überaus wichtige Geschichten-Erzählen. Den Reklamierer betrachten wir schließlich in Kapitel 13.

Worüber ich in diesem Buch nicht sprechen werde, ist das Multilevel-Marketing (MLM). Multilevel-Marketing beziehungsweise Strukturvertriebe, sogenanntes Network-Marketing und Pyramidensysteme lassen sich zwar ansatzweise dem Empfehlungsmarketing zuordnen, verfolgen allerdings in vielen Fällen andere Ziele als die, die im Folgenden erörtert werden.

2. Nur Spitzenleistungen werden weiterempfohlen

Es ist reine Zeitverschwendung, mittelmäßig zu sein. Nur renommierte Produkte mit echten Alleinstellungsmerkmalen, emotional angenehm berührende Erlebnisse, außergewöhnliche Angebote, Services und Technologien, exzellente Arbeit und charismatische Persönlichkeiten werden weiterempfohlen. Wer also empfohlen werden will, muss Spitze sein und Spitzenleistungen erbringen. Warum das so ist? Auf Empfehlungen verlässt man sich vor allem bei komplexen oder teuren Entscheidungen, wenn fachkundiger Rat nötig oder die eigene Sicherheit betroffen ist. Oder wenn das berufliche Fortkommen auf dem Spiel steht. Oder wenn es um Lebensqualität geht.

Empfehlungen verpflichten! Wenn Sie also planen, Ihr Empfehlungsgeschäft systematisch aufzubauen, ist Wert auf Höchstleistungen zu legen. Kein noch so guter Verkäufer erhält Empfehlungen, wenn die angebotenen Leistungen gerade mal Durchschnitt sind. Vielmehr müssen Sie auf Ihrem Gebiet bekannt und anerkannt sein. Und erster im Kopf ihrer Zielgruppe. Dann sind Sie auch erste Wahl.

Unternehmen, die Markt-, Meinungs- und Innovationsführer sind, haben es da besonders leicht. Versetzen Sie sich nur einmal in die Lage eines Einkäufers. Der wird nicht Kopf und Kragen für einen ‚No-Name' riskieren, wenn er Karriere machen will. Er verlässt sich im Zweifel auf eine Empfehlung und auf einen klingenden Namen. Das reduziert sein berufliches Risiko. Wer kann ihm schon ans Leder, wenn er sich für die Num-

mer eins unter den Anbietern entscheidet und drei glaubwürdige Referenzen vorweisen kann. Im Geschäftsleben ist bei einer gravierenden Fehlentscheidung ja oft gleich die Karriere in Gefahr. Was nicht nur zu finanziellen, sondern auch zu privaten Konsequenzen führen kann.

Übrigens: Wer für Sie als Empfehler aktiv wird, beurteilt immer die Gesamterfahrung. Alles kommt in die Waagschale. Ein potenzieller Empfehler erwartet von jeder Abteilung und von jedem Mitarbeiter eine perfekte Leistung, da unterscheidet er nicht zwischen Innen- und Außendienst oder Chef und Azubis. Wenn auch nur ein einziger Mitarbeiter patzt, war aus Sicht des Kunden ‚der Saftladen' schuld. Und eine Empfehlung kommt nicht mehr in Frage.

Mit sieben As zu Spitzenleistungen

„Erfolgreich zu sein heißt, anders als die anderen zu sein", hat Woody Allen einmal gesagt. Anders als andere: Eine Formel, mit der man höchstens im letzten Jahrhundert noch punkten konnte. In den Märkten von heute und morgen braucht es mehr, viel mehr. Versuchen Sie es doch mal mit den sieben As:

- **Ausgezeichnet (A 1)**
- **Aufmerksamkeitsstark (A 2)**
- **Angenehm (A 3)**
- **Anders als (A 4)**

- **Aldi & Co. (A 5)**
- **Alle (A 6)**
- **Anderen (A 7)**

Schauen wir uns die Punkte im Einzelnen an.

Ausgezeichnet (A 1)

Jack Welch, der charismatische Führer von General Electric hat seinem Riesenkonzern eine klare Vorgabe gemacht: Alle Produkte müssen die Nummer eins oder zwei in ihrem jeweiligen Markt sein, sonst trennt man sich von ihnen. In einer Überflussgesellschaft gibt es keinen einzigen Grund, 08/15 zu kaufen. Wer nicht auf dem Siegertreppchen steht, ist unnötig im Markt. Also: Werden Sie die Nummer eins in Ihrer Branche. Oder kommen Sie zumindest aufs Siegertreppchen. Der vierte im Wettkampf ist immer eine traurige Gestalt. Sieger hören auf Sieger. Sieger kaufen von Siegern. Sieger arbeiten am liebsten mit Siegern zusammen. Und: Sieger werden am ehesten weiterempfohlen. Menschen bewundern Sieger. Sie wollen ihnen nahe sein und schmücken sich gerne mit ihnen. Das ist gerade so, als strahle ein wenig von deren Glanz auf einen selber ab. Erfolgreiche Leute haben demnach eine Menge Kontakte – und Einfluss. Über die Nummer eins wird in Presse und Öffentlichkeit am meisten gesprochen. Die Nächstplatzierten brauchen schon eine gute Geschichte, um ins Gespräch zu kommen.

Eine solche Geschichte hat der Anbieter O2 parat. O2 ist aus der Viag Interkom hervorgegangen, der damaligen Nummer vier im Markt, die ursprünglich Ende 2001 dicht gemacht werden sollte. Jedoch fand sich niemand, der die Schließungskosten von 500 Mio. Euro übernehmen wollte. So wagte man – gegen alle Regeln der Kunst – den Neustart. Zunächst musste man den völlig verunsicherten Mitarbeitern, die nur noch Negativschlagzeilen in den Zeitungen lasen, eine Zukunftsvision geben. Der Slogan „O2 can do" wurde dabei zu einem Markenversprechen, das nicht nur nach außen erfolgreich in Szene gesetzt wurde, sondern auch nach innen funktioniert hat. Denn es führte die Mitarbeiter zu einer ‚can do-Attitüde', also der ständigen Suche nach dem Machbaren. Nun ist O2 die Nummer drei im Markt und wurde für die unverwechselbare Sauerstoffbläschen-Kampagne mit Marketingpreisen geradezu überschüttet.

Wenn Sie bisher nicht auf dem Siegerpodest standen und keine reelle Chance haben, dies je zu erreichen: Erfinden Sie eine neue Kategorie und machen Sie sich zu deren Nummer eins! Sie sind vielleicht nicht der größte Plastikbecher-Hersteller, aber womöglich die Nummer eins in Sachen Joghurtbecher. Reinhold Messner war nicht der erste, der den Mount Everest bestieg, aber er war der erste, der dies allein tat – und der erste, der ohne Sauerstoffgerät den Gipfel erklimmte. Und all das hat er aufmerksamkeitsstark vermarktet.

Wer Marktführer ist, dem glaubt man, dass er die besseren Produkte oder Services hat. Der darf auch höhere Preise verlangen. Und wer als Marke erst mal ganz oben auf dem Podest steht, der ist dort nicht so leicht wieder wegzukriegen. Es dauert meist lange, eine wirklich starke Marke zu beschädigen. Andererseits kann es auch Jahre dauern, eine beschädigte Marke wieder aufzubauen.

Beträchtliches Empfehlungspotenzial hat, wer in Ratings und Rankings ganz oben steht, wer Testsieger ist oder eine begehrte Auszeichnung erhält. Positive Forschungs- oder Studienergebnisse, Siegertrophäen und Preise sowie Ehrungen durch hochrangige, neutrale Dritte untermauern Ihren Status als Spitzenleister. Suchen Sie in Ihrer Branche aktiv nach solchen Möglichkeiten. Machen Sie sich schön und bewerben Sie sich. Die meisten Kürungen sind kein purer Zufall, sondern von langer Hand vorbereitet.

Wenn Sie dann die begehrte Auszeichnung in Händen halten, schmücken Sie sich und Ihre Angebote damit und erzählen Sie es kräftig weiter. Und hängen Sie Ihre Urkunden auf. Gerade in austauschbaren Märkten kann ein solches Detail den Ausschlag geben. Wer beispielsweise vor dem Butter-Regal steht und sich nicht entscheiden kann, weil alles gleich aussieht und ähnlich viel kostet, greift im Zweifel wahrscheinlich zu der Marke, auf der ein Stiftung-Warentest-sehr-gut-Prädikat prangt.

Aufmerksamkeitsstark (A 2)

Wie soll man wissen, wie gut Sie sind, wenn Sie es dem Markt und Ihren Zielgruppen nicht lautstark verkünden? Wer hat zum Beispiel Amerika entdeckt? Christopher Kolumbus war nicht der erste, aber er hat die beste PR gemacht. Wenn Sie der Welt etwas zu sagen haben, sagen Sie es geräuschvoll und deutlich. Aufmerksamkeit ist ein äußerst knappes Gut. Zurückhaltung und Bescheidenheit sind deshalb völlig fehl am Platz. Hohe Aufmerksamkeitswerte sind übrigens nicht unbedingt eine Sache von schierer Unternehmensgröße und hohen Marketingbudgets. Mit gut gemachten

Geschichten (siehe dazu Kapitel 12) und überraschenden Aktionen können Sie nicht nur den Geldbeutel schonen, sondern auch viel Sympathie einheimsen und sich begehrenswert machen. Viele solcher Aktionen lassen sich unter dem Begriff ,Guerilla-Marketing' einordnen. Das bedeutet: Ein Produkt taucht auf ungewöhnliche Weise oder an ungewohnter Stelle – quasi aus dem Untergrund – auf und sorgt für Gesprächsstoff.

Als beispielsweise der neue MINI auf den Markt kam, war er auf der Love Parade in Berlin in Lack und Leder gekleidet zu sehen – und die Presse hat sich darauf gestürzt. In den USA wurde der MINI auf das Dach eines Geländewagens gepackt und ist so durch die Staaten gefahren. In einem Baseball-Stadion hat man auf der Tribüne acht Plätze gekauft und den MINI unter die Zuschauer gemischt. Die Fernsehkameras haben natürlich darauf gehalten und so hat MINI jede Menge kostenlose TV-Werbung bekommen. An Hauswände wurden Original-MINIs gehängt, das wollte jeder gesehen haben. In den internationalen Metropolen hat man den MINI in die angesagtesten Clubs rein gebracht, in Tokio und Paris sogar selbst Clubs betrieben. Das waren absolute In-Spots, da wollte jeder hin, da musste man dabei gewesen sein. Vor einiger Zeit klebten an zentralen Plätzen in Deutschland Riesen-Plakate. Per SMS konnten die Passanten das Plakat aktivieren, sodass der MINI schnaubte wie ein Stier. In New York wurden MINI-Fahrer im Vorbeifahren von Plakatwänden persönlich begrüßt, wenn sie zum Beispiel Geburtstag hatten. Ein Micro-Chip im Autoschlüssel machte dies möglich. Und wer seinen MINI nach einer Reparatur von der Werkstatt abholte, fand auf dem Lenkradschoner folgende Nachricht: Ich habe dich vermisst.

Sie sehen: Zur puren Erzielung von Aufmerksamkeit muss sich ein weiterer Faktor gesellen: Resonanz. Ihre Botschaft muss die anvisierte Zielgruppe gefühlsmäßig ansprechen, also emotionale Hirnzentren in Schwingungen versetzen. Erst Resonanz erzeugt Kauflust und sorgt fürs Erzählen und Weiterempfehlen.

Angenehm (A 3)

Was der Kunde wirklich kaufen will? Sein gelöstes Problem und ein gutes Gefühl. „Gib mir Sicherheit und gib mir Gewissheit, dass ich die richtige Entscheidung treffe, wenn ich dein Produkt wähle", fleht uns der Kunde ‚zwischen den Zeilen' an, während er nach Fakten fragt. Denn sein Hirn schreit nach Risikominimierung. Und im Zweifel kauft es lieber nicht. Die meisten Leute haben ja schließlich schon alles, also ist Kaufen heutzutage eher selten ein Muss, sondern vielmehr ein Wünschen und Wollen. Demzufolge entsteht Kauflust meist nicht aus einer Mangelsituation, sondern aus dem quälenden Drang, etwas (noch) besseres beziehungsweise moderneres/exklusiveres/erfolgversprechenderes zu besitzen als zuvor – oder als der Nachbar beziehungsweise Konkurrent es hat. Und genau deshalb steht ‚Billig-sein' nicht wirklich im Vordergrund sondern vielmehr folgendes: ‚Zeig mir, dass du besser/schneller/günstiger/robuster/wertbeständiger/freundlicher bist, und beweise es mir! Dann, ja dann will ich dir vertrauen, dann kaufe ich lieber bei dir!'

Als Kunde wirklich verstanden zu werden – ein Traum! Doch dazu müssen Unternehmen sich von ihrer meist selbstzentrierten Sichtweise (unsere tolle Firma, unser tolles Produkt, vorschreiben, wie die Dinge zu laufen haben ...) endlich verabschieden und tief eintauchen in die Kundenwelt. Sie müssen zu Kunden-glücklich-Machern werden (wollen).

Kunden glücklich machen? Unser Gehirn will das Happy End! Deshalb versorgt es uns ja mit Glückshormonen. Diese Strategie der Natur hilft uns nicht nur zu überleben, sondern kann auch unsere Lebensqualität sehr angenehm machen. So hat die Evolution es eingerichtet, dass wir ständig auf der Suche nach guten Gefühlen sind. Zuhause genauso wie bei der Arbeit. Für Vertrieb und Marketing bedeutet dies: Wem es gelingt, eine Wohlfühl-Atmosphäre zu gestalten, eine positive Stimmung zu erzeugen, dem Kunden immer wieder Momente des Glücks zu verschaffen, der wird dauerhaft erfolgreich sein. Denn wer sich wohl fühlt, wer ein gutes Gefühl hat, wer sich bestätigt fühlt, kauft eher – und mehr. In meinem Buch *Erfolgreich verhandeln – erfolgreich verkaufen* habe ich detailliert beschrieben, wie das funktioniert.

Anders als (A 4)

„Don't imitate – innovate!", lautet eine nützliche Managerweisheit. Machen Sie etwas wirklich Bemerkenswertes und stellen Sie sicher, dass es leicht ist, darüber zu reden. Den meisten Unternehmen fehlt dazu jedoch der Mut. Sie sind viel zu brav. Sie ahmen lieber nach, was andere erfolgreich vormachen, oder glätten so lange die Ecken und Kanten ihrer Produkte, bis sie massentauglich und damit langweilig werden. Und problemlos kopierbar sind. Das ist wie bei den Matroschkas, den russischen Puppen. Sie sehen alle gleich aus und werden immer kleiner. Nur auf die äußere Puppe scheint die Sonne, die übrigen leben (meist) im Dunkeln.

Machen Sie also nicht alles für jeden, sondern lieber etwas besonderes für manche. Erfinden Sie etwas Einzigartiges und radikal Neues, anstatt nur weiter an alten Sachen herumzuoptimieren. Spezialisieren Sie sich, suchen Sie eine Nische, die noch keiner gefunden hat, und werden Sie darin uneinholbar gut. „Selbst die Hunde haben sich inzwischen spezialisiert", sagte mir kürzlich ein Tierarzt. „Früher gab es nur Hofhunde, Jagdhunde, Hirtenhunde und streunende Hunde. Heute gibt es Blindenhunde, Drogenhunde, Sprengstoffhunde, Schimmelpilzhunde ... Und für solche Spezialisten werden prächtige Preise erzielt."

Verkaufen Sie an andere Zielgruppen als andere. Verkaufen Sie vor allem an solche Konsumenten, die sich Neuem gegenüber aufgeschlossen zeigen, die gerne aktuelle Trends verfolgen und Vorreiter sind. Und verkaufen Sie an die, die sich mit Ihrem Produkt schmücken wollen, weil es noch nicht jeder hat. Solche Zielgruppen werden schnell zu Mundpropagandisten und finden leicht Menschen, die ihnen nacheifern. Sie tragen, weil selbst überzeugungsstark und begeisterungsfähig, den Begeisterungsfunken zügig weiter und können Massen entzünden – ganz ohne Ihr Zutun.

Wie es dazu kommt? Wer selbst unsicher ist, handelt klug, wenn er sich demjenigen anschließt, der so tut, als ob er seiner Sache sicher sei. Viele hören erst mal, was die Meinungsführer zu sagen haben und sind dann schnell genau der gleichen Meinung. Deshalb reicht manchmal ein kleiner Auslöser, an der richtigen Stelle und bei den richtigen Menschen platziert, um Empfehlungskaskaden loszutreten. Plötzlich will die ganze Welt das neue hippe, coole Produkt haben. Harry Potter ist

so ein Beispiel: eine der größten Mundpropaganda-Erfolgsgeschichten der letzten Zeit. Viele lasen Harry Potter, weil jeder, den sie kannten und schätzten, das auch tat. Wenn der Meinungsführer in der Klasse damit anfängt, macht es bald die ganze Klasse. Wenn die Älteren es machen, eifern die Jüngeren ihnen nach. Und bald ist die Schule, dann das ganze Land und schließlich die ganze Welt ‚infiziert'.

Produkte dagegen, die nur noch den breiten Massenmarkt ansprechen oder gar die konservativen Nachzügler bedienen, verlieren schnell das Interesse der Vorreiter. Irgendwann sind sie auf dem absteigenden Ast und – womöglich nach einem letzten Aufbäumen, Relaunch genannt – meist ziemlich bald tot. Und das wird auch bei Harry Potter so sein.

Wo stehen Ihre Angebote eigentlich derzeit auf der Kurve des Produkt-Lebenszyklus? Und wenn Sie gerade die Nachzügler bedienen: Wollen Sie die Kurve nach unten möglichst lange auslaufen lassen und somit das bittere Ende nur noch verzögern? Oder wäre es weit sinnvoller, Energie schnellstens in innovative Produkte und damit in einen Neustart zu stecken? Das Long-Tail-Prinzip, bei dem sich selbst mit wenig nachgefragten Produkten und Randsortimenten auf äußerst niedrigem Niveau noch gute Geschäfte machen lassen, funktioniert im Wesentlichen ja nur im Web bei geringer Kostenstruktur.

Einen radikalen Schnitt hat Christian Rauffus, Unternehmer der fünften Generation im Hause der Wurstfabrik Carl Müller GmbH, vor einigen Jahren gemacht. Alle 400 Produkte des Unter-

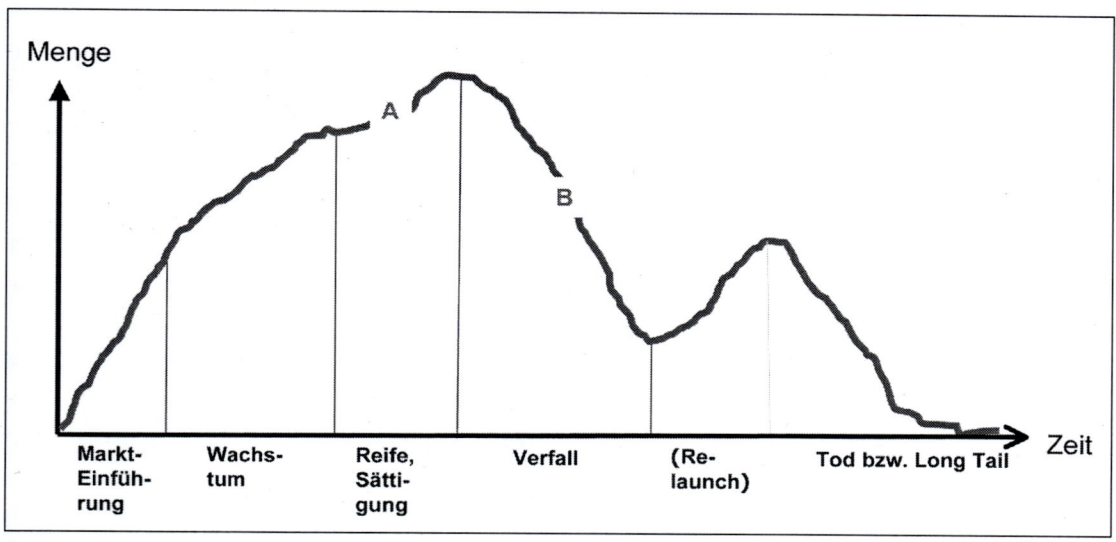

Abbildung 5: Der Lebenszyklus eines Produktes von der Einführung bis zum Ableben (beispielhaft dargestellt). Ein oft versuchter Relaunch (manchmal auch mehrere) im letzten Drittel der Kurve, etwa bei Punkt B begonnen, wird meist über eine ‚Verjüngung' des Produkts beziehungsweise über den Preis geführt. Bereits bei Punkt A müsste man sich Gedanken über Innovationen machen. Übrigens: Auch Unternehmen und Persönlichkeiten lassen sich entlang dieser Kurve positionieren.

nehmens hat er aus dem Sortiment gestrichen und nur noch mit der Rügenwalder Teewurst weitergemacht. Diese wurde unter dem markanten Logo der Rügenwalder Mühle zur Marke aufgebaut und deutschlandweit als Premium-Produkt auf die Verbraucherteller gebracht. Hinzu kamen wenig später die Pommersche Gutsleberwurst, der Schinkenspicker und schließlich der Pommern Spieß. Seitdem läuft das Unternehmen prächtig.

Das Erfolgsgeheimnis: Zu allen Wurstsorten wird eine glaubwürdige Geschichte erzählt, die von Tradition und hohem handwerklichem Können handelt, in Nostalgie schwelgt und an schöne Tage von früher erinnert. So erlangte der Pommern Spieß, obwohl er der hochpreisigste Kochschinken seiner Art ist, aus dem Stand einen Marktanteil von 35 Prozent und verdrängte den Marktführer Herta auf den zweiten Platz. Dieser Erfolg wurde mit einer ganzen Reihe von Auszeichnungen gekürt.

Anders sein heißt auch: Entbürokratisieren Sie sich, verzichten Sie auf langwierige Reportings und hinderliche Überwachungsprozesse. Das macht sie schnell und wendig. Der Markt wartet jedenfalls nicht, bis sich bei Ihnen alles in Reih und Glied aufgestellt hat. Bürokratie züchtet uninspirierte, angepasste, stromlinienförmige Mitarbeiter, die sich wie besagte russische Puppen lieber im Verborgenen halten. Somit fehlt es hinten und vorne an neuen, frischen Ideen, die gerade heute so dringend gebraucht werden. Wer sich in bürokratischen Prozessen verstrickt und in Administration erstickt, wird schnell entmutigt aufgeben und nur noch das Geforderte tun. Und wer herumkommandiert oder ständig kontrolliert wird, verkrampft sich ängstlich. Die Folge: Man fühlt sich eingeschüchtert und irgendwie klein. Nur: Von kleinen Würstchen ist nichts Großes zu erwarten. Deren mickrige Taten werden sicher nicht weiterempfohlen. Eher wird davor gewarnt.

Ich habe in einen internationalen Konzern gearbeitet, da brauchten gestandene Hoteldirektoren am Ende zwei Unterschriften aus der Zentrale für eine 100-Euro-Investition. Krankenhausärzte verbringen heutzutage mehr als 50 Prozent ihrer Zeit mit Administration statt beim Patienten. Eine aktuelle Mercer-Studie zeigt, dass viele Außendienstler nur einen Bruchteil ihrer Zeit beim Kunden sind. Es gibt eine Menge Unternehmen, in denen man ab September nur noch mit Ratespielen zugange ist. Diese heißen Budgetierung und sind in Wahrheit ein Powerplay zwischen oben und unten. Wenn sie nicht sowieso vorgegeben sind, werden die Sollzahlen mehr an den Wünschen der Führung ausgerichtet als an den Möglichkeiten des Marktes. So werden Mitarbeiter zum Lügen erzogen. Jeder versucht, sich in eine strategisch günstige Position zu bringen und etwas in der Hinterhand zu halten, ohne erwischt zu werden. Ab Januar wird dann abgerechnet und die Fantasiererei mit der nackten Wahrheit verglichen. Tragisch: Wer hauptsächlich mit sich selbst beschäftigt ist, kann für den Kunden nichts Bemerkenswertes leisten.

Mit einem außergewöhnlich guten Service jenseits von Standards und Normen können Sie sich hingegen meilenweit vom langweiligen 08/15-Programm Ihrer Mitbewerber absetzen und Empfehlungen einheimsen, wie folgendes Beispiel zeigt.

Die Filiale der Zeitarbeitsfirma ,Jobs in time' in Erfurt erhielt einmal über eine Empfehlung den Anruf eines Geschäftsführers: Er bräuchte sofort eine Bilanzbuchhalterin für ein befristetes Projekt. Er sei schon in München am Flughafen und würde in Kürze in Erfurt landen und wolle sich dann einige Kandidaten-Dossiers anschauen. Gott sei Dank hatte Jobs in time Passendes in der Schublade. Man wollte allerdings den Kunden, der es ja offensichtlich eilig hatte, nicht ins Büro bitten, sondern im Ankunftsterminal überraschen. Eine Mitarbeiterin machte sich sofort auf den Weg. Da allerdings die Maschine Verspätung hatte und die Mitarbeiterin zu einem weiteren Termin musste, hinterließ sie das Paket für den Kunden am Flughafen. Es wurde durchleuchtet, mit einer Sicherheitsbanderole verziert, beglaubigt und mit Unterschriften versehen, der übliche behördliche Kram, der bei so was nötig ist. Das alles, um einen Kunden zu verblüffen. „Und das ist uns auch tatsächlich gelungen", sagt Carla-Maria Fleischmann, die Geschäftsführerin von Jobs in time, schmunzelnd. „Die Buchhalterin arbeitet heute fest bei diesem Kunden."

Überdenken Sie doch einmal all Ihre Prozesse! Verlassen Sie die in Ihrer Branche üblichen Standards und erfinden Sie neue, andere, bessere (siehe das Taxifahrer-Beispiel in Kapitel 5). Jede einzelne Abteilung muss sich dieser Forderung stellen. So kann etwa die Buchhaltung Dankesschreiben für prompte Zahlungen verschicken. Mahntexte müssen nicht scharf und aggressiv formuliert sein, zumindest die erste Mahnung kann durchaus heiter klingen. Damit steigt das Wohlwollen – und wahrscheinlich ebenso die Zahlungsbereitschaft. Und: Wer seine Kunden verärgert, erhält sicher keine Empfehlungen.

So versieht das Naturkost-Versandhaus Blauer Planet jede Rechnung mit einem fröhlichen Lebensmotto. Zahlreiche Zuschriften von Kunden belegen, dass viele Empfänger deshalb sogar neugierig ihre nächste Rechnung erwarten – eine Haltung, die man in Bezug auf eine Zahlungsaufforderung wohl nur selten antrifft.

Aldi & Co. (A 5)

Deutschland = Discountland? Verbraucher haben inzwischen gelernt, dass Geiz nicht geil, sondern bisweilen lebensgefährlich ist. Und: Viele Premium-Marken, wie etwa Gucci, Adidas oder Porsche, verdienen prächtig. Wer schon alles hat, will höchstens noch etwas ganz Besonderes. Machen Sie also Ihren Kunden ein unwiderstehliches Angebot. Oder zwei. Oder drei. Deutsche Haushalte verfügen im Schnitt über 15.000 Gegenstände, und es wird, vor allem dank Ebay, kräftig entrümpelt. Man schafft Platz für etwas Außergewöhnliches. Oder verlagert den Konsum ins Immaterielle: Reisen und Wellness boomen nachhaltig. Die Menschen kümmern sich mehr um ihr Wohlbefinden – und sie reden darüber.

Es gibt übrigens Geld in Massen, aber eben oft auf dem Sparkonto. Also: Wie ist da ran zu kommen? Wir alle kennen Momente, da wollen wir etwas unbedingt haben. Da spielt der Preis dann keine Rolle mehr. Und das passiert weiß Gott nicht nur im privaten Bereich, sondern genauso oft im Geschäftsleben. Geld ist eine hochemotionale Sache. Schnäppchenkäufe sind nichts anderes als Beutezüge. Selbst eine offensichtlich so sachliche Aussage wie „Ich habe das Angebot A gewählt, weil es das billigste war" ist in eine Fülle emotionaler Wertungen eingebettet. Denn Kaufentscheidungen sind nichts anderes als eine emotional gesteuerte Nutzenrechnung.

Ach übrigens: Bei einer überzeugend ausgesprochenen Empfehlung rückt der Preis fast immer in den Hintergrund. Wer fragt etwa noch nach dem Preis, wenn ein wirklich vertrauenswürdiger Ober uns an einem schönen Abend in bester Gesellschaft eine gute Flasche Wein empfiehlt?

Geldscheine sind Stimmzettel – und damit wird gnadenlos abgestimmt. Wenn uns Kunden was nicht passt, bleibt unser Portemonnaie einfach zu. Letztlich ist der Griff in den Geldbeutel immer ein Opfer, welches der Kunde nur dann wirklich gerne erbringt, wenn die rationalen und emotionalen Vorteile des Produktes den Preis überstrahlen. *„Kunden entscheiden sich dann zum Kaufen, wenn sie das, was das Produkt tut, mehr lieben als das Geld, das sie in das Produkt investieren müssen"*, sagt der Vertriebsexperte Zig Ziglar. In diesem Spiel des Marktes kommen nur die Besten durch. Wer das nicht ist, wird wohl in die Preisschraube geraten, und zwar ab nach unten. Alles, was vergleichbar ist und schnell kopiert werden kann, gerät sofort in einen ruinösen Preiswettbewerb.

Am meisten in Gefahr sind Marken, die mittelmäßig, unspektakulär und beliebig sind. Sie sind unnötig – und werden sicher nicht weiterempfohlen. Überleben wird nur, so der schwedische Wirtschaftsdenker Kjell A. Nordström auf einer Veranstaltung der Uni München, wer fit ist und sexy. Fit und sexy: Das macht eine Sache begehrenswert – und damit auch empfehlenswert. Selbst unter den Billigheimern gibt es einige, die sich fit und sexy gemacht haben, denken wir nur mal an Ikea oder H&M. Apropos Nordström: Wenn Sie ihn einmal irgendwo hören können, gönnen Sie sich das. Seine Vorträge sind ein Genuss.

Übrigens: Bei Aldi kaufen die Menschen nicht nur der Preise wegen. Bei Aldi kaufen sie auch eine Menge Emotionen: Orientierung (das Sortiment ist sehr überschaubar), Sicherheit (die Preise sind dauerhaft niedrig) und Vertrauen (die Produktqualität ist Stiftung-Warentest-sehr-gut-tauglich). Und sie huldigen ihrer Sparsamkeit (die quer durch alle Bevölkerungsschichten vertreten ist). Viele finden bei Aldi ein kleines Stück Heimat. Mit seinen Aktionen macht Aldi manche geradezu süchtig. Was nicht daran hindert, dass Aldi wohl offensichtlich den Zenit in der Lebenszykluskurve nun überschritten hat. Mit dem Looser-Image all derer, die bei Aldi kaufen müssen, wollen sich viele ganz einfach nicht mehr identifizieren.

Alle Anderen (A 6 und A 7)

Viele Unternehmen beschäftigen sich zu stark mit der Konkurrenz. Anstatt als Vorreiter zu agieren, starren sie gebannt – wie das Kaninchen vor der Schlange – auf all das, was die Mitbewerber tun und ziehen dann nach. Der Markt wird dabei mit immer besseren und gleichzeitig immer ähnlicheren Produkten überschwemmt. So beginnt ein folgenschweres Wetteifern, bei dem sich ganze Branchen qualitätsmäßig nach oben schaukeln – und preismäßig in den Ruin treiben. „Wir sind zu teuer, die Konkurrenz bietet billiger an! Deshalb müssen wir noch mal mit den Preisen runter, sonst verkaufen wir gar nichts mehr", heißt dann die Devise. Hierbei liefern sich ganze Branchen Preisschlachten mit verheerendem Ausgang.

Durch hektisches Preisdumping, gerne auch Umsatzkosmetik genannt, kommt zwar kurzfristig Geld in die Kassen. Doch zuerst verlieren solche Firmen Kunden-Vertrauen, und am Ende womöglich alles. „Billig-billig" hat vielen Firmen nicht die Rettung gebracht, sondern den Ruin. Oder zumindest ein Negativ-Image im Markt.

Der Ausweg aus diesem Dilemma, so der Marketingexperte Michael Brandtner, heißt: Divergenz. Während Evolution die Dinge besser macht, lässt Divergenz eine völlig neue Sache entstehen. So hat Reinhold Messner das Divergenz-Prinzip genutzt. Und viele andere auch. Früher gab es nur Zahnbürsten mit starrem Griff. Dann hat die Marke Dr. Best eine ,nachgebende' Zahnbürste mit Schwingkopf erfunden und war damit auf Anhieb nicht nur Marktführer, sondern auch Preisführer. Die Biermarke Krombacher hat sich nach oben katapultiert, als sie propagierte, ihr Bier nicht mit ,herkömmlichem' Wasser, sondern mit Felsquellwasser zu brauen. Das tun andere Brauer auch? Richtig! Doch entscheidend ist allein, was in den Köpfen der Verbraucher passiert. Und die halten Krombacher für das reinere Bier. Oder sie sehen die verletzbare rote Tomate im Werbespot und verstehen den Nutzen des Schwingkopfs. Und sind gerne bereit, dafür einen Aufpreis zu zahlen.

Die Anfänge des Cirque du Soleil habe ich in den 80ern selbst miterlebt, als ich im kanadischen Montreal lebte. Damals machten dort ein paar kreative Künstler Straßentheater. Daraus ist ein Unternehmen mit 600 Millionen Dollar Jahresumsatz geworden. Die beiden Gründer Guy Laliberté und Gilles Ste-Croix haben den Zirkus neu erfunden: Eine Mischung aus Akrobatik und Fantasy als durchinszenierte Geschichte, ganz ohne Tiere. Ein Fest der Sinne für Erwachsene, die wieder mal träumen wollen und dafür gerne 100 Euro und mehr pro Ticket zahlen. Sechs mobile Shows, die um die Welt ziehen und zwei stationäre in Las Vegas und Disney World Florida entführen den staunenden Zuschauer in ein atemberaubendes Märchenland.

Wie Sie für Divergenz sorgen? Fragen Sie nicht länger: „Was können wir auf welche Weise besser machen als die Konkurrenz?" sondern fragen Sie: „Was können wir ganz anders machen als Aldis und alle anderen – und zwar auf eine ausgezeichnete, aufmerksamkeitsstarke und angenehme Art und Weise?"

Während klassische Nachschlagewerke als vermeintlich imageträchtiger Dekorationsschmuck in Wandschränken verstauben, hat es der erst Anfang 2001 gestartete Internetanbieter Wikipedia inzwischen zur größten und außerdem kostenlosen Enzyklopädie der Welt gebracht. Wikipedia ist eine Non-Profit-Organisation. Die Grundidee ist, dass jeder Mensch freien Zugang zu allem auf der Erde vorhandenen Wissen haben soll – und zwar kostenlos. Jeder kann sein Wissen einfließen lassen, auch anonym. Nichts ist lizenziert. Und jeder kann die eingestellten Artikel ergänzen, verändern, kopieren, verwerten. Dabei kontrollieren und korrigieren sich die Benutzer gegenseitig. Das sichert die hohe Qualität der Einträge und hält das Angebot aktuell. Interessant ist, dass gerade mal zwei Prozent der Nutzer etwa 75 Prozent der Beiträge verfassen. Die übrigen verwenden es, ohne es zu kritisieren. Jimmy Wales, Gründer und Präsident von Wikipedia, folgert daraus, dass involvierte

Konsumenten sich mit ihren Produkten identifizieren und beginnen, dafür Verantwortung zu übernehmen. Mundpropaganda oder besser gesagt Click-to-click-Werbung und letztendlich Erfolg kommen auf diese Weise von ganz allein.

Marken sind gut fürs Empfehlungsgeschäft

Zunächst ein kleines Quiz:
- Welche Farbe hat Strom? Und Milka?
- Was ist praktisch, quadratisch, gut?
- Welches Auto fährt man aus „Freude am Fahren"?
- An welche Marke denken Sie bei karibischer Musik?
- Was verleiht Flügel?

Alle erkannt? Marken, die das schaffen, sind starke Marken, ja geradezu Markenpersönlichkeiten. Sie stehen für Spitzenleistungen und haben sich nachhaltig in den Köpfen der Leute verankert. Sie haben sich Zuneigung erarbeitet und einen guten Ruf erworben. Und sie werden gerne weiterempfohlen. Jede Marke muss also das Ziel haben, zu seinem Verwender eine emotionale und dauerhafte Beziehung aufzubauen, über die er oft und gerne spricht. Marken brauchen Fans.

Markennutzer positionieren sich mit den Marken, mit denen sie sich umgeben. Die Entscheidung für eine Marke ist also ein Selbstbekenntnis. Marken spiegeln eine Gefühlslage oder einen Lebensstil wider. Sehr gut ist das bei der Wahl eines Autos zu erkennen. Nehmen wir beispielsweise den Markt der aus Umweltgründen inzwischen ins

Zwielicht geratenen Geländewagen in Deutschland. Die meisten hatten noch nie Schlamm unter den Rädern. Und Fanggitter für streunende Kühe brauchen wir auch nicht. Und dennoch, Geländefahrzeuge sind weiter gefragt. Frauen, so heißt es bei BMW, suchen die Sicherheit der erhobenen Sitzweise und den Überblick, Männer dagegen erleben in der erhöhten Position – BMW nennt sie ‚command position'(!) – Ansehen und Macht. Nur: Die meisten Fahrer werden genau dies nicht zugeben.

Marken stehen für Zugehörigkeit, für Identifikation und Profilierung, aber auch für Bequemlichkeit und Zeitersparnis. Mit einer Marke kann man seinen Status anzeigen, Einfluss gewinnen und Macht ausüben. Dafür ist der Nutzer gerne bereit, einen Aufschlag zu zahlen. Marken schaffen beziehungsweise verstärken Vertrauen. Und sie geben Sicherheit. Sie schaffen Orientierung im Angebotsdschungel und erleichtern damit Entscheidungen. Mit dem Kauf einer Marke ist weniger Risiko verbunden, man vermutet eine höhere Qualität und erleidet (hoffentlich) keine bösen Überraschungen. Sich im Zweifel für eine Marke, den Marktführer beziehungsweise das renommierteste Produkt zu entscheiden – was kann da noch schief gehen?

Wer mit ‚seiner' Marke in einer Community lebt, wer sie immer wieder gerne kauft, wer sich also voll und ganz mit ihr identifiziert und sich ihr emotional verbunden fühlt, der wird sie gegen Angreifer verteidigen und seinen Freunden wärmstens empfehlen. Doch bis es soweit ist, das kann dauern. Wenigen Marken gelingt es, uns im Sturm zu erobern. Im Allgemeinen nähern wir uns einer

Marke eher vorsichtig: Wir umkreisen sie, inspizieren sie und fragen unsere Nächsten, was sie dazu sagen können. Diese Phase der Annäherung ist hochemotional, wir wollen schließlich keine Fehler machen. Nach dem Kauf flacht die emotionale Kurve oft ab, wir gewöhnen uns schnell an die Marke. Nur, wenn sie sich unentbehrlich macht, wenn sie uns ständig an sich erinnert und zwischendurch ein paar angenehme Überraschungen auf Lager hat, wenn sie von Freunden bewundert wird und uns immer wieder aufs Neue fasziniert, wird sie für den Wiederkauf in Erwägung gezogen. Wir bleiben einer Marke treu und empfehlen sie weiter, solange sie uns gute Gefühle beschert. Sie darf uns nie im Stich lassen.

Wie sieht nun das Profil einer starken und damit empfehlenswerten Marke aus? Anhand der folgenden Übersicht lässt sich jede Marke kritisch in Frage stellen. Entscheidend dabei ist nicht, wie der Markeninhaber das sieht, sondern ganz allein, wie der Markt und dabei insbesondere der Verwender das empfindet.

- Eine starke Marke ist einfach zu verstehen.
- Sie ist glasklar positioniert und unverwechselbar.
- Sie bietet einen rationalen Nutzen.
- Sie hat einen hohen emotionalen Mehrwert.
- Sie erbringt die angebotenen Leistungen in Topqualität.
- Sie ist glaubwürdig und hält ihre Versprechen ein.
- Sie ist eine sympathische Persönlichkeit mit Charisma.
- Sie inszeniert faszinierende Geschichten.
- Sie ist kontinuierlich und lautstark präsent.

- Sie aktualisiert sich und überrascht immer wieder.
- Sie hat eine Marken-Community aufgebaut.

Der letzte Punkt ist für das Empfehlungsmarketing besonders wichtig. Wer sich als Mitglied einer Brand Community, also einer Markengemeinschaft fühlt, ist deutlich loyaler und empfiehlt die Marke häufiger weiter. In seiner Community kann der enthusiastische Fan Erfahrungen austauschen, seinen Gefühlen Ausdruck geben, gemeinsame Interessen verfolgen und vor allem: seine Lieblingsmarke feiern.

Idealerweise interagiert die Marke mit den Community-Mitgliedern in der Offline- und/oder Online-Welt. So hat Schwarzkopf eine Community für Friseure eingerichtet und Red Bull veranstaltet Flugtage am Wannsee in Berlin. Die Community-Mitglieder treffen sich und zelebrieren Gemeinschaft. Im Web chatten sie miteinander, sie geben sich Tipps und helfen einander. Oder sie treffen sich bei Computerspielen. So verknüpfen Marken ihre Verwender miteinander, sorgen für Identifikation und ein Wir-Gefühl – und schaffen hohe emotionale Verbundenheit. Die inzwischen über 100 Jahre alte Kultmarke Harley Davidson ist eines der besten Beispiele dafür. Sie vereint mehr als 800.000 Motorrad-Fans in ihren Harley Owner Groups (HOGs). Doch nicht nur die Global Player, sondern jedes mittelständische Unternehmen kann für seine Kunden eine Community aufbauen. Verkäufer können Käufer-Communities organisieren und Plattformen schaffen, auf denen begeisterte Kunden untereinander kommunizieren und die Leistungen des Unternehmens weiterempfehlen.

Eine Marke hat nicht unbedingt etwas mit Größe zu tun. Auch ein kleiner Einzelunternehmer und seine Produkte oder Dienstleistungen können in seinem lokalen Umfeld oder in seiner Marktnische eine Marke sein. Eine starke Marke bringt ihrem Besitzer eine ganze Reihe von Vorteilen:

- sie erleichtert die Neukunden-Akquise,
- sie schafft höhere Kunden-Treue,
- sie fördert die Mund-zu-Mund-Propaganda,
- sie verkauft teurer als ‚No-names',
- sie erleichtert die Mitarbeitersuche,
- sie ist von öffentlichem Interesse,
- sie öffnet den Kapitalmarkt.

Starke Marken empfehlen sich und verkaufen gut. Sie sind Türöffner. Sie verschaffen dem Besitzer Preis- und Wettbewerbsvorteile. Sie haben es in den Medien und im Internet, bei Banken und Investoren und auch auf dem Arbeitsmarkt im Kampf um die besten Talente leichter. Mitarbeiter schmücken sich gerne damit, bei einer klingenden Marke zu arbeiten. Im Universum des Verbrauchers werden also Marken in Zukunft eine noch größere Rolle spielen. Und immer mehr Marken werden mit immer besserem (Empfehlungs-)Marketing um unsere Gunst buhlen.

Mit Genugtuung gab Steve Jobs, CEO der Kultmarke Apple, im Laufe des Jahres 2005 bekannt, sein Unternehmen habe im ersten Quartal mit knapp 3,5 Millionen US-Dollar den größten Umsatz seiner Geschichte und gleichzeitig den höchsten Nettogewinn aller Zeiten erzielt. Dies hatte er dem iPod zu verdanken. Die Beliebtheit des innovativen Geräts hat das gesamte Unternehmens-Portfolio für ein breites Publikum attraktiv gemacht. Bei Apple Computern betrug demzufolge die Absatzsteigerung 26 Prozent. Ein klassischer Fall von positivem Imagetransfer. Nicht nur Design und Funktion des iPod, sondern vor allem die begrenzte Zugänglichkeit und die mehr oder weniger gezielte Verknappungspolitik machten diesen überragenden Erfolg möglich. Die Psychologie dahinter? Wer einen der designigen MP3-Player ergattert hatte, konnte dies nach außen hin deutlich sichtbar machen und gehörte damit zur privilegierten iPod-Community. Alle anderen mussten neidvoll draußen bleiben. So machte sich der iPod bei seinem Zielpublikum begehrenswert – und war ständig im Gespräch. Heute geht alles, wo ein kleines i davor steht, weg wie warme Semmeln. So wie der iDog, ein japanischer Roboterhund mit einem iPod-förmigen Kopf, der passend zur Musik mit den Ohren wackelt.

Sechs Monate bevor das iPhone auf den Markt kam, war dieses bereits in aller Munde – ausgelöst durch Steve Jobs' leidenschaftliche Vorstellung des Prototypen. Virusartig schnell verbreitete sich die Botschaft in der ganzen Welt. Schon einen Tag nach der Präsentation zählte die Weblog-Suchmaschine Technorati fast 70.000 Blog-Einträge zu Apples neuem Handy. Dem folgte eine Welle der Berichterstattung in allen Medien. An der Harvard University wurde errechnet, dass all dies dem Unternehmen kostenlose Publicity im Wert von 400 Millionen US-Dollar erbracht habe – ohne einen Cent an Werbekosten. Das ist Mundpropaganda-Marketing vom Feinsten. Und dennoch: Auch iPod und iPhone werden die Lebenszykluskurve entlang wandern und schließlich wieder vom Markt verschwinden. Womöglich erhalten sie aber auch Sammlerwert.

Übrigens: Nicht nur Produkte, Dienstleistungen und Institutionen, sondern auch Persönlichkeiten machen sich zunehmend als Marken schön – und kommen so ins Gespräch. Und das ist nicht neu. Viele Stars der Weltgeschichte haben sich selbst mehr oder weniger gezielt zu Marken aufgebaut und sind bis heute in aller Munde. Denken wir nur mal an Konfuzius, Aristoteles, Jesus, Alexander den Großen und Dschinghis Khan. Oder an Goethe.

Schon zu seiner Zeit tat Goethe, was jeder bessere Star heute meint, tun zu müssen: Er schrieb eine Autobiographie und setzte sich damit ein Denkmal. Er sorgte für die publikumswirksame Vermarktung seiner Werke, indem er eigene Produktionen ankündigte und Interpretationshilfen für seine Dichtkunst gab. Er machte sich unsterblich, indem er verfügte, dass der Faust II erst nach seinem Tod veröffentlicht werden sollte. Unerwünschte Kritik ließ er nicht zu. Als er einmal in einer Zeitung, die sein Verleger Cotta publizierte, schlecht dargestellt wurde, forderte Goethe ihn auf, dieses zu unterbinden. Cotta akzeptierte und sorgte dafür, dass in den von ihm herausgegebenen Publikationen nur noch das stand, was Goethes Zustimmung fand. Schon damals waren Goethes Werke imageträchtiger Schmuck in den guten Stuben der besseren Gesellschaft. Sein eigenes Haus hatte Goethe zur Erhöhung seines Ruhmes effektvoll inszeniert und machte ‚Werksführungen'. Er verschenkte zu Werbezwecken Gipsbüsten und Vasen, die sein Konterfei zeigten. Selbst nicht von Adel, betrieb Goethe intensives Networking vor allem in adeligen Kreisen. So konnte er sich im Laufe der Zeit mit zahlreichen Titeln und Orden schmücken. Und er brachte gezielt Testimonials ins Spiel, vor allem *seinen Bewunderer Napoleon, der den Werther sieben Mal gelesen hatte* (aus: Dieter Herbst et al.: *Der Mensch als Marke*).

Ein (Brand-)Zeichen setzen

Früher wurden Produkte markiert, um mit einem Zeichen deutlich zu machen, wer der Hersteller oder Besitzer ist. Das so gekennzeichnete Objekt drückte Zugehörigkeit aus. Und das funktioniert auch heute noch. So haben, heißt es, fünf Prozent aller Harley-Davidson-Fahrer sich das Marken-Logo auf den Körper tätowieren lassen. Das ist ‚Branding' im wahrsten Sinne des Wortes. Können Sie sich vorstellen, dass Ihre Kunden Ihr Logo auf der Haut spazieren tragen? Gucci hat übrigens ein exklusives Brandeisen in einer streng limitierten Auflage herausgebracht, mit dem man beim Grillen seine Steaks verzieren kann. Was tut man nicht alles, um im Gespräch zu sein!

Ein renommiertes Logo steigert den Wert einer Sache, und damit auch den Erzähl-Faktor. Wenn Sie also ein ansehnliches Logo haben, war hindert Sie daran, Ihre Produkte damit zu ‚branden'? Das kann ein Bäcker genauso tun wie ein Maschinenbauer. Dem Stein-auf-Stein-Fertighaus-Hersteller Danhaus, der einen Wikingerkopf im Logo trägt, habe ich beispielsweise empfohlen, dieses im Bereich der Eingangstür zu platzieren. So übernimmt das Logo sogar eine Schutzfunktion. Und selbst wenn Ihr Produkt, weil irgendwo eingebaut, nicht sichtbar ist, machen Sie sich bemerkbar! Intel hat das mit seiner ‚Intel inside'-Kampagne perfekt vorgemacht. Und der BlackBerry hat einen Teil seines Durchmarsches sicher der Tatsache zu verdanken, dass jede durch ihn versandte Mail ‚gebrandet' ist mit Sätzen wie: *„BlackBerry von Vodafone macht*

Ihre E-Mails mobil. " So wird jeder Versender zum kostenlosen Multiplikator.

Übrigens: Was wir heute Logo nennen, hat es zu allen Zeiten gegeben. Als Zunftzeichen zeigte es die Zugehörigkeit zu einem Berufsstand an. Als Orden dokumentierte es eine herausragende Stellung. Als Tattoo oder Gesichtsnarbe markierte es die Mitglieder einer Sippe und grenzte sie zu den ‚Wildfremden' anderer Gruppen ab – und das passiert etwa in Schwarzafrika und bei den südpazifischen Maori auch heute noch. Die Wappen der Städte und Fürstentümer und auch die Fahnen der Heere waren Logos. Sie fungierten als Erkennungszeichen in Zeiten von Eroberungsfeldzügen und Kriegen. Nur früher? Dann gehen Sie mal in ein Fußballstadion und beobachten die ‚Jagd nach dem Kugeltier'. Da gibt es Schlachtgesänge, Stammestänze und Siegeszüge, alles unter dem Zeichen des Fanclubs – als Logo auf dem Schal.

Ein Unternehmen will mit einem Logo Gefolgschaft hinter sich scharen, sein Revier abgrenzen, seine Mitbewerber im Markt besiegen – und von sich reden machen. Logos sind Zeichen der Wiedererkennung. Sie zeigen den Rang innerhalb einer Gemeinschaft. Die Logos an unseren Klamotten von heute – das sind die Orden von früher. Mit einem angesagten Logo gehört man zum ‚richtigen', also zum angesagten Stamm und kann sich von den weniger Privilegierten abheben – wie etwa mit der Boss-Krawatte vom Fußvolk der einfachen Angestellten. Starke Logos sind auch ohne Namenszug zu erkennen – oder haben, wie der Swoosh von Nike und der Golden Arch von McDonalds, selbst einen Namen. Als ich all dies einmal auf einem Kongress erläuterte, meldete sich ein stolzer Vater und erzählte von seiner knapp zweijährigen Tochter, die beim Stadtbummel mit den Worten „Papa, Urlaub!" verzückt auf ein TUI-Logo zeigte. TUI als Synonym für Urlaub: Das Management in Hannover wird das mögen.

Wie man Marken stark und empfehlenswert macht

Marken entstehen nicht einfach so, Marken werden gemacht. Erfolgreiche Marken sind solche, zu denen der Verwender eine ganz besondere Beziehung hat, eine freundschaftliche sozusagen – und blindes Vertrauen. Die in diesem Sinne erfolgreichen Marken betrachtet der Verwender wie durch eine rosarote Brille, so wie ein Verliebter, der nur die guten Seiten sieht und über kleine Schwächen milde hinwegschaut. Die Amerikaner nennen solche Marken ‚Love Brands'. Sie haben ein ganz besonders hohes Empfehlungspotenzial.

Marken müssen einfach zu verstehen sein, denn nur was ich verstehe, das kaufe und empfehle ich auch. Marken haben Ecken und Kanten, sie polarisieren und sie emotionalisieren. Sie sind intolerant und restriktiv, also nicht für jeden richtig und gut – und nicht um jeden Preis zu haben. Eine starke Marke kennt die Wünsche, Träume und Bedürfnisse ihrer Zielgruppen und spricht deren Sprache. Und sie zeigt einen langen Atem. Hektische Neupositionierungen, wie etwa beim Smart geschehen, verwirren den Verbraucher. Denn dann kann er nicht lernen, wofür die Marke steht.

Wer seine Produkte zu empfehlenswerten Marken aufbauen will, benötigt nicht nur hohe fachliche Kompetenz, sondern auch einen ansprechenden ‚Look', ein durchgängiges Erscheinungsbild mit unverwechselbaren Merkmalen. Zu einem solchen Corporate Design gehören (nicht zwingend):

- ein Zeichen (Logo)
- eine Bilderwelt
- eine Farbwelt
- ein Schriftbild
- ein Werbe-Slogan (Claim)
- eine eingängige Musik (Jingle)
- ein Maskottchen
- einheitliche Arbeitskleidung

Ein Slogan ist eine kurze, prägnante Zusammenfassung der zentralen Botschaft einer Marke. Er soll unverwechselbar, eingängig, leicht verständlich und kurz sein. Ein Slogan hilft, die Vorstellungsbilder im Kopf anzuregen. Er ist gut, wenn er den Kern der Marke auf den Punkt bringt (Red Bull verleiht Flüüügel). Viele Marketer halten einen Slogan lediglich für den mehr oder weniger kreativen Einfall einer Werbeagentur. Was ihnen nicht wirklich bewusst ist: Ein Slogan muss nach innen und außen gelebt werden, damit er glaubwürdig ist. So wie es im Beispiel von O2 („O2 can do") sichtbar wurde. Und bei der Deutschen Bank („Leistung aus Leidenschaft") so gar nicht nachvollziehbar ist. Denn als Kunde will ich erleben, wie jeder einzelne Mitarbeiter die Versprechen, die die Werbung macht, voll und ganz einhält. Und darauf müssen die Mitarbeiter umfassend vorbereitet werden.

3. Nur Spitzenleister erbringen Spitzenleistungen

Sind in Ihrem Unternehmen Spitzenleister am Werk? Arbeiten bei Ihnen die besten ihrer Branche? Oder die lahmen Enten, die sonst keiner haben will – die mit der Dienst-nach-Vorschrift-Mentalität und einer freizeitorientierten Schonhaltung? Wer Spitzenleistungen erbringen will, braucht selbstbewusste Mitarbeiter, die mit Feuer und Flamme bei der Sache sind. Die sich mit der Vision, den Zielen und den Werten ihres Unternehmens voll und ganz identifizieren. Die unternehmerisch denken und tatkräftig handeln. Denen der Stolz auf ihre Firma ins Gesicht geschrieben steht. Die jedem erzählen, in was für einem tollen Laden sie arbeiten. Und dass sie sich keinen besseren Job vorstellen können, als den, den sie haben.

Solche Mitarbeiter gibt's doch gar nicht? Doch, solche Mitarbeiter gibt es. *„Der Mensch ist nicht auf Schlaraffenland programmiert, sondern auf Leistung"*, sagt der Verhaltensbiologe Felix von Cube. Die Frage muss daher richtigerweise lauten: Ist Ihre Firma so viel Einsatz überhaupt wert? Und das hängt maßgeblich von den Führungskräften ab. Eine Managementregel besagt, dass erstklassige Führungskräfte erstklassige Mitarbeiter und drittklassige Führungskräfte fünftklassige Mitarbeiter anziehen. Viele Chefs müssen erst noch lernen, dass nicht sie die wichtigsten im Unternehmen sind, sondern die Mitarbeiter und die Kunden. Denn auf Dauer siegt die Firma mit den besten Mitarbeitern, den treuesten Kunden und aktivsten Empfehlern.

Kundenfokussierung ist besser als Shareholder-Value

Die meisten Märkte wachsen nicht mehr. Dies ist eine unausweichliche Folge hoher Qualitätsstandards, demografischer Gegebenheiten und abgehakter Wünsche-Listen. Verbunden damit ist ein eher zurückgehendes Kaufvolumen, sowohl im privaten als auch im geschäftlichen Bereich. Paradox, wie viele Firmen dennoch alle Jahre wieder schon fast rituell x Prozent Umsatzplus und y Prozent Mehrertrag erzielen wollen – und munter am Markt vorbei produzieren. Wer durch die Brille des Kunden schaut und sein Unternehmen an der Nachfrage ausrichtet, kann dies erkennen und sodann realistische und damit realisierbare Ziele finden. Solche, die die Mitarbeiter umsetzen können und wollen – weil sie selbst daran glauben. Wer allerdings sein Unternehmen auf Anteilseigner, Gesellschafter und Analysten, also auf die Kapitalseite und kurzfristige Maximal-Renditen fixiert, tendiert dazu, sein Personal, die Partner, Lieferanten und letztlich auch die Kunden zu übervorteilen und zu seinem eigenen Nutzen zu schröpfen. Und das ist nun wirklich keine gute Basis fürs Empfehlungsgeschäft. *„Unternehmen, die es der Wall Street erlauben, ihr Geschäftsmodell zu bestimmen, werden keinen Erfolg haben"*, meint dazu der Amazon-Chef Jeff Bezos.

Wo die Einkäufer ihre Zulieferer nach Lopez-Manier ausquetschen (müssen), braucht man sich über skandalöse Spätfolgen nicht zu wundern. Vorstände, die oben ihre Tantiemen erhöhen, während sie unten Massenentlassungen vornehmen,

Bosse, die eine seelenlose Machtkultur schaffen oder ihr Unternehmen nach Gutsherrenart führen, Vorgesetzte, die nur ihren persönlichen Ehrgeiz stillen, Spitzenmanager, die sich auf dreiste Weise Vorteile verschaffen, all dies sorgt dafür, dass schließlich auch die ‚kleinen Angestellten' nur noch den eigenen Vorteil suchen. Denn wie ein Domino-Effekt kaskadiert positives wie negatives Verhalten der Führungsspitze über alle Hierarchiestufen nach unten.

Vor diesem Hintergrund erklärt sich wohl auch der unerwartete Erfolg des Büchleins *Die Entdeckung der Faulheit* der Französin Corinne Maier, die beim französischen Energieversorger EDF tätig war. Mit ihrem recht banal formulierten Aufruf zu ‚Dienst nach Vorschrift' hat sie anscheinend vielen frustrierten Mitarbeitern aus der Seele gesprochen. Hoffentlich lernen wenigstens die Manager ein paar Lektionen daraus. Eines ist sicher: Missgestimmte und lustlose Mitarbeiter, die innerlich bereits gekündigt haben, sind für ein Unternehmen schon schlimm genug. Noch schlimmer aber ist, wenn Mitarbeiter draußen schlecht über die Firma reden, deren Image zerstören und so Vertrauens- und damit schließlich Kundenschwund auslösen.

Wissen Sie eigentlich, was Ihre Mitarbeiter nach Feierabend so alles ausplaudern? Welche Anekdoten über Ihre Firma sie beim Essen mit Freunden, beim Sport oder im Verein zum Besten geben? Was sie in Blogs, in Foren und auf Hass-Seiten verlauten lassen? Nur Mitarbeiter, denen es gut geht, werden ganz sicher positive Geschichten erzählen. Der gute oder schlechte Ruf eines Unternehmens am Markt wird ja nicht nur durch die Kunden, sondern ganz maßgeblich auch durch die Mund-

propaganda der Mitarbeiter geprägt. Dafür gibt es im Web inzwischen Plattformen genug. Wer heute nach Informationen über seinen (zukünftigen) Arbeitgeber googelt, findet neben schön zu lesenden Pressemeldungen, bunten Imagebroschüren und gediegenen Geschäftsberichten auch die mehr oder weniger positiven Postings der Mitarbeiter. Wer im Unternehmen nichts zu sagen hat, der tobt sich eben auf den Arbeitgeber-Bewertungsportalen einmal so richtig aus.

Illoyalität von Vertriebs- und Kundendienstmitarbeitern ist dabei das tödlichste Gift. Denn die, mit denen der Kunde direkt im Kontakt ist, geben dem Unternehmen eine Stimme und ein Gesicht. Nur: Die Zeiten, in denen man die Loyalität der Mitarbeiter einfordern konnte, sind schon lange vorbei. Loyalität steht und fällt mit dem vorbildlichen Handeln der Führungskräfte. Wenn Führungskräfte das Richtige tun, erhalten sie die Loyalität ihrer Mitarbeiter von ganz alleine.

Wie aus Mitarbeitern Spitzenleister werden

Im Kern unserer Talente ist die Aussicht auf Spitzenleistungen am größten. Was wir besonders gut können, tun wir auch besonders gerne, weil unser Hirn uns, wie schon gesehen, für Erfolge belohnt. Genau aus diesem Grund suchen wir aktiv nach Situationen, die Erfolge ermöglichen, und zwar nicht nur im privaten Bereich, sondern gerne auch bei der Arbeit. Denn immer gilt: Die Menschen verstärken Verhalten, für das sie Anerkennung bekommen. Anerkennung und Wertschätzung sind wie reiner Sauerstoff. Sie lassen Leistungen katapultartig nach oben schnellen. Das Gegenteil von Anerkennung und positiver Aufmerksamkeit? Missachtung oder, schlimmer noch, manipulative Lobhudelei, Entwürdigung und verbal oder non-verbal gezeigte Verachtung. All dies erstickt jedes Wollen im Keim.

Wenn ich Mitarbeiter frage, welches ihre drei größten Wünsche an ihre Führungskraft sind, steht meist das ehrliche Lob an erster Stelle. Schade, dass so viele lobfaule und -unfähige Vorgesetzte lieber die unseeligen Worte des Managementvordenkers Reinhard K. Sprenger („Alles Motivieren ist De-motivieren") nachbeten, wonach man Mitarbeiter nicht loben soll. Lassen Sie sich nicht täuschen: Ein gekonnt ausgesprochenes, weil begründetes und wertschätzendes Lob ist eine Wonne für die Seele und Schmierstoff für die Motivation. Lassen Sie Ihre Mitarbeiter nicht emotional verhungern. Setzen Sie öfter die Fehler-Such-Brille ab und die Lob-Such-Brille auf. Durch Tadel macht man die Menschen klein, durch Wertschätzung macht man sie groß.

Die Hirnforschung weiß längst: Wer sich unwohl fühlt, der denkt und handelt langsamer, der macht mehr Fehler und ist für vieles blockiert. Angst macht zittrig. Angst lähmt und macht dumm. Niemand kann mit Angst im Nacken Großes bewirken. Die Erklärung dafür ist einfach: Bei Angst und Stress sind die Verbindungsstellen zwischen den Fortsätzen der einzelnen Hirnzellen, die sogenannten synaptischen Spalten, blockiert. Dort können die Hirnströme nicht mehr ungehindert fließen, und wir können nicht mehr klar denken – ein Problem, das neudeutsch Blackout heißt und jeder von uns kennt. Wer Angst hat, steht mit dem

Rücken zur Wand. Er läuft weg oder schlägt zu, zumindest verbal. Verängstigte Mitarbeiter sind mürrisch, verletzlich, aggressiv. Sie schieben Frust und gehen in die Opfer-Haltung. Sie machen einfach dicht und schalten ein, zwei Gänge zurück. Das bleibt lange unbemerkt, aber die Lustlosigkeit steht ihnen ins Gesicht geschrieben. Und die Kauf-interessenten werden das spüren – und reagieren! Wo die Mitarbeiter verkümmern, kommt gewiss kein Empfehlungsgeschäft in Gang.

Gute Gefühle hingegen beschwingen, sie machen kreativ und leistungsfähig. Nur in einem positiven Klima gedeihen Kreativität, Lust auf Arbeit und Engagement. Von Natur aus sagen uns positive (= von Glückshormonen belohnte) Gefühle, was wir tun, und negative, was wir besser lassen sollten. Das funktioniert bei Mitarbeitern genauso wie bei Kunden. Kein Wunder, denn es sind die gleichen Menschen.

Mitarbeiter kundenfokussiert führen

Führungskräfte haben heute die Aufgabe, solche Rahmenbedingungen zu schaffen, die es dem Mitarbeiter möglich machen, ihr Bestes für die Kunden geben zu können und zu wollen. In meinem Buch *Kundennähe in der Chefetage* beschreibe ich detailliert, wie das geht. Dabei propagiere ich unter anderem die *kundenfokussierte Mitarbeiterführung*. Sie ist folgendermaßen geprägt:

- Die Mitarbeiter sind in die Unternehmensstrategie aktiv eingebunden.
- Die Führungskraft lebt Kundenfokussierung sichtbar vor.
- Management by walking and talking around.

- Der Kunde ist in Gesprächen und Meetings stets positiv präsent.
- Die Mitarbeitermotivation wird regelmäßig gemessen – und sie ist hoch.
- Kundenfokussierung wird gefördert, gelobt und belohnt.
- An kundenfokussierter Prozess-Optimierung wird ständig gearbeitet.

Die kundenfokussierte Haltung eines Unternehmens beginnt in den Köpfen der Führungskräfte. *„Es dauert keine 14 Tage, dann behandeln Mitarbeiter ihre Kunden genau so, wie sie selbst von ihren Chefs behandelt werden"*, hat Sam Walton, der Begründer von Wal-Mart, vor langer Zeit einmal gesagt. Nur Mitarbeiter, die Mitarbeiterorientierung erleben, können Kundenorientierung leben. Dort, wo Führungskräfte sich über die Wünsche und Bedürfnisse der Mitarbeiter hinwegsetzen, werden sich diese über die Wünsche und Bedürfnisse der Kunden hinwegsetzen. Wo Mitarbeiter hingehalten und verunsichert werden, passiert das gleiche den Kunden. Wo man nicht freundlich zu Mitarbeitern ist (*„Zu mir ist ja auch niemand freundlich!"*), kann man keine Kunden-Freundlichkeit erwarten. Und dort, wo sich Mitarbeiter ohne Wenn und Aber den Regeln und Normen von Systemen beugen müssen, wird von Kunden das gleiche gefordert. Mitarbeiter mögen in diesem Spiel keine Wahl haben. Die Kunden haben es sehr wohl. Für die Führungskraft bedeutet all das: Den Mitarbeiter als internen Kunden behandeln.

Die Schlüsselfrage dabei lautet:

Hätte ich meinen besten Kunden so behandelt, wie ich gerade meinen Mitarbeiter behandelt habe?

Die kundenfokussierte Führungskraft richtet, selbst als Vorbild agierend, die Mitarbeiter voll und ganz auf den Kunden aus. Und das ist vor allem eine Geisteshaltung. Fragen, die dabei immer wieder zu stellen sind, lauten:

- Wer und wie ist unser Kunde?
- Wie ‚tickt' er emotional?
- Was will und braucht er wirklich?
- Was ist gut und richtig für ihn?
- Was hält er von unserer Leistung?
- Was fängt er damit an?
- Wie können wir helfen, unsere Kunden erfolgreich und damit glücklich zu machen, sodass sie dies der ganzen Welt erzählen?

Und wie erfahren wir all das? Nicht am grünen Tisch, nicht durch Studien und Statistiken, sondern nur durch regelmäßige, offene Dialoge mit den Kunden. Kundenfokussiert führen heißt demnach: Nicht glauben zu wissen, was der Kunde nötig hat und nützlich findet, sondern die Mitarbeiter dazu anhalten, täglich Kunden-Rückmeldungen einzuholen. Das heißt, wir sprechen mit dem Kunden, beobachten genau, schauen, was ihm gefällt, wohin er greift, wann ein wohlwollendes Lächeln über sein Gesicht huscht – und wir stellen ihm kluge Fragen (siehe Kapitel 6). ‚Go and see for yourself' nennen die Amerikaner diesen Trend. Kundenorientierung in diesem Sinne heißt dann nicht nur, dem Kunden Orientierung zu geben, sondern auch, vom Kunden Orientierung zu bekommen.

Vor der Kundenfokussierung steht die Mitarbeiterorientierung

So wie die an Empfehlungen interessierten Unternehmen ständig ihre Kunden befragen, so befragen erstklassige Führungskräfte regelmäßig ihre Mitarbeiter. Hier ein paar Formulierungsvorschläge für die Mitarbeiter zum Ausfüllen:

- Was mir in diesem Unternehmen am besten gefällt, ist …
- Was mir in diesem Unternehmen am meisten fehlt, ist …
- Was ließe sich an meinem Arbeitsplatz konkret verbessern?
- Ich biete an, folgende Aufgaben zu übernehmen: …
- Ich biete an, folgende Aufgaben abzugeben: …
- Mein größter Wunsch an meine Führungskraft ist: …
- Woran möchte ich bei mir selber arbeiten?
- Was liegt mir besonders am Herzen?
- Was könnten wir für die Kunden noch tun?
- Was würde ich über die Firma ‚draußen‘ sagen?

Die Antworten, egal ob anonym eingereicht oder im Rahmen eines vertrauensvollen Gesprächs zwischen Führungskraft und Mitarbeiter entwickelt, geben wertvolle Hinweise für das weitere Vorgehen auf dem Weg zu Spitzenleistungen. Vorgesetzte sind oft schier bass erstaunt über den Ideenreichtum und das hohe Maß an Engagement, wenn Mitarbeiter endlich mal aus sich herausgehen und volle Leistung zeigen dürfen.

Als die Zwei-Sterne-Hotelkette Ibis ein neuartiges Qualitätsversprechen einführen wollte, wurde den Mitarbeitern im Hotel nicht ein fertiges Handbuch mit allen erdenklichen Fallbeispielen und Handlungsanweisungen übergeben, sondern sie erhielten folgende Aufgabenstellung: „Ibis plant, in absehbarer Zeit in allen Hotels eine 15-Minuten-Service-Garantie einzuführen. Bitte bereiten Sie sich entsprechend darauf vor und teilen Sie uns mit, wenn Sie soweit sind." Der Hoteldirektor hatte den Auftrag, dieses Projekt seinen Mitarbeitern zu übertragen. Mit Feuereifer gingen diese ans Werk. Man übernachtete im eigenen Hotel, um etwaigen Problemen auf die Spur zu kommen. Der Haustechniker machte technische Erste-Hilfe-Kurse, Koch und Barmann gaben für den Fall der Fälle ihre besten Rezepte preis. Man entwickelte Checklisten und Krisenszenarien, was bei welchem Problem wie zu erledigen sei. Auf den Etagen wurden ‚15-Minuten-Emergency-Rooms' eingerichtet, in denen Ersatz-Fernseher, Fernbedienungen, Batterien, Birnen usw. lagerten. Zwischen den verschiedenen Hotels fand ein reger Erfahrungsaustausch statt. Wenn Gäste eine Reklamation hatten, war nunmehr die Stoppuhr im Einsatz.

Nachdem alle Hotels ihr Startzeichen gegeben hatten, konnte es an einem 1. April (!) losgehen. Auf einer großen Tafel am Hoteleingang wurden die Gäste informiert. Auf Flyern, die sie erhielten, war Folgendes zu lesen: „Sollte tatsächlich einmal etwas in Ihrem Zimmer oder mit dem Service in unserem Hotel nicht in Ordnung sein, sagen

Sie es uns. Unser Ibis-Team verpflichtet sich, jedes kleine Problem während Ihres Aufenthaltes, für das wir verantwortlich sind, innerhalb von 15 Minuten zu lösen – und das rund um die Uhr. Sollte es uns einmal wirklich nicht gelingen, den Mangel innerhalb des gesetzten Zeitraumes zu Ihrer Zufriedenheit zu lösen, so werden Sie dafür von uns eingeladen." Die Gäste erhielten im Reklamationsfall ein 15-Minuten-Rätsel oder einen 15-Minuten-Lolli, um die Wartezeit ein wenig zu überbrücken. Für die Mitarbeiter war es eine Frage der Ehre, die Lösung so schnell wie möglich zu finden. Jeder Vorfall wurde mit Zeitangabe auf der Tafel am Eingang dokumentiert. Die Öffentlichkeit wurde mit Anzeigen auf diese in der damaligen Hotellandschaft einmalige Servicegarantie aufmerksam gemacht. Presse, Hörfunk und Fernsehen berichteten ausführlich. Denn es gab viele Geschichten zu erzählen. Die Mitarbeiter standen im Mittelpunkt und haben ihre Sache toll gemacht.

Das Beispiel zeigt: Wenn man Mitarbeiter machen lässt, gehen sie mit Verantwortungsbereitschaft, mit Kreativität und vor allem mit Spaß an die Aufgabe ran. Und ernten maximale Erfolge. Aus Betroffenen Beteiligte zu machen, das ist nicht nur etwas für kleine Teams. Im Rahmen von ‚Open Space'-Veranstaltungen kann man auch große Gruppen, also hunderte von Menschen an serviceorientierten oder empfehlungsrelevanten Themen arbeiten lassen. Die Ergebnisse werden denen, die am grünen Tisch entstanden, immer überlegen sein. Vor allem in der Umsetzung. *„Sich mit etwas zu identifizieren, das man nicht selbst festgelegt hat, ist fast unmöglich"*, sagt der Arbeitssoziologe Rudolf Schmidt.

Doch nicht immer sorgen schlechte Rahmenbedingungen für einen Mangel an Kundenorientierung, oft fehlt es auch an der richtigen Einstellung der Beschäftigten. Eines ist sicher: Auf kundennahen Positionen sind kundenfeindliche Mitarbeiter völlig inakzeptabel. Der negative Eindruck, den eine solche Person verbreitet, fällt ja nicht nur auf das Unternehmen, sondern auch auf die übrigen Mitarbeiter zurück. Eine einzige faule Erdbeere in einem Körbchen steckt bald alle anderen an. Das heißt: Ein unfreundlicher Mitarbeiter macht auch seinen Kollegen das Leben schwer. *„Sie dürfen nicht einmal einen einzigen launischen Mitarbeiter in einem Team von 100 Leuten dulden"*, meint dazu der Erfolgshotelier Klaus Kobjoll. *„Der hat nämlich immer gerade dann Dienst, wenn eine Reklamation passiert. Und macht dann genau das kaputt, was 100 Leute das ganze Jahr über aufgebaut haben."*

Management by walking and talking around

‚Management by walking and talking around' ist eine Führung der Nähe und der kurzen Wege. Der Chef verfolgt dabei nicht nur die ‚Politik der offenen Tür', er macht sich vielmehr auch auf den Weg durch die Firma. Er geht seine internen Kunden besuchen – genau so, wie der Außendienst das ja auch macht. Und er dialogisiert mit seinen Mitarbeitern: *„Wie läuft es? Wo klemmt es? Was könnte man besser machen? Was würden Sie an meiner Stelle tun?"* Und das macht er täglich, am besten zur gleichen Zeit, damit die Mitarbeiter sich darauf verlassen können. Und sich schon mal Gedanken machen.

Ich nenne das einem rituellen Morgenrundgang. Dabei begrüßt der Vorgesetzte von sich aus seine Mitarbeiter – erwartet also nicht, dass die Mitarbeiter ihn grüßen. Er kümmert sich vorrangig um die Menschen, und erst danach um die Sache (aufgeräumte Regale, Baustellen, laufende Maschinen, Akten, Präsentationen ...). ‚Mensch vor Sache' heißt das Prinzip. Er schenkt den Mitarbeitern seine uneingeschränkte, aufrichtige Aufmerksamkeit und hört, was sie zu sagen haben. Hierdurch erfährt er am schnellsten etwas über Stimmungen und erhält laufend neue Ideen. Bei Problemen kann er sofort reagieren und gegensteuern. Die Mitarbeiter spüren, wie wertvoll sie für den Betrieb sind. Und was er selbst zu sagen hat, kommt unverzüglich unter die Leute.

Die Schlüssel zu Spitzenleistungen

Neben Wertschätzung, Anerkennung und Respekt sind Transparenz und eine offene, heitere Kommunikation sowie das Involvieren und ‚Empowern' der Mitarbeiter die entscheidenden Faktoren auf dem Weg zu Spitzenleistungen. Die heutigen, sich schnell drehenden Märkte geben uns einfach nicht die Zeit, Hierarchien rauf und runter zu turnen und auf langwierige Entscheidungen von ‚oben' zu warten. Hierarchien sind langsam und teuer – und damit von gestern. Ja, ein hoher Informationsstand der Mitarbeiter verbunden mit Eigeninitiative und Selbstverantwortung bedeuten Kontrollverlust – wovor viele Chefs einfach Angst haben. All dies führt jedoch zu schnelleren und intuitiv besseren Entscheidungen und sichert den Ideenfluss für das Überleben in den Märkten von morgen.

Vor allem das Top-Management muss ganz verstärkt die Nähe zu Kunden und Mitarbeitern suchen. Von Kunden kann man eine Menge lernen. Sie geben uns oft die wertvollsten Tipps, was wir wie verbessern können. Und diese werden insbesondere bei *den* Mitarbeitern deponiert, mit denen Kunden vertrauensvoll zusammenarbeiten. Doch das meiste davon verschwindet lieblos auf Zettel gekritzelt im Verkaufskoffer, in irgendwelchen Aktenordnern, in nicht mehr auffindbaren Dateien und schließlich im Papierkorb. Weil sich ‚oben' niemand für die Ideen von ‚unten' interessiert.

Es empfiehlt sich also, Verkaufsaktionen mit der Vertriebsmannschaft gemeinsam zu entwickeln, anstatt alles einfach vorzugeben. Sonst heißt es schnell: *„Die feinen Herren da oben haben doch überhaupt keine Ahnung, was hier unten los ist!"* Und dann wird den feinen Herren, mehr oder weniger subtil, sehr bewusst oder auch völlig unbewusst bewiesen, dass es genau so nicht geht. Oder man ergibt sich mit einem schulterzuckenden ‚Muss ja' unwillig in sein Schicksal. Druck erzeugt Gegendruck – oder Passivität und Rückzug. Nur: Interne Kriegsschauplätze und unbegeisterte, unengagierte, lethargische Nichtswoller können sich die Unternehmen gerade heute beim besten Willen nicht leisten.

„Als ich im Oktober 2001 in die Firma kam und schnell klar war, dass wir die Flucht nach vorne antreten müssen", erzählt Rudolf Gröger, Ex-Vorsitzender der Geschäftsführung von O2 Germany, *„habe ich meine Mitarbeiter gebeten, mir doch einmal zu sagen, was alles schief läuft in der Firma. Und wir hatten drei Monate später, in der ersten Januarwoche ein Projekt namens ‚perform'*

aufgesetzt, in dessen Rahmen sich meine Mitarbeiter zu Kosteneinsparungen in Millionenhöhe ‚committed' hatten, ohne dass ich auch nur irgend etwas tun musste. Die Mitarbeiter hatten nur darauf gewartet, endlich einmal sagen zu können, was in dieser Firma alles nicht funktioniert. Und als sie gemerkt haben, dass ihnen und ihren konstruktiven Vorschlägen jemand zuhört, der sie animiert, diese auch umzusetzen, ist eine beeindruckende Welle der Tatkraft losgebrochen." Aus diesen Anfängen entwickelte sich das ‚Smart Idea'-Programm, bei dem jeder seine Verbesserungsvorschläge direkt in ein Ideenpostfach ins Intranet stellen kann. Die Beurteilung der Vorschläge erfolgt nicht – wie klassischerweise üblich – mehr oder weniger geheimnisvoll in irgendwelchen Führungskräfte-Gremien, sondern die Mitarbeiter selbst stimmen darüber ab, wie sie die Idee beurteilen. Diese demokratische Vorgehensweise stärke *„die ohnehin vorhandene Motivation der Leute, besser zu werden und O2 noch besser zu machen"*, betont Gröger und schließt: *„Es ist der Mensch, der den wirklichen Unterschied zwischen Erfolg und Misserfolg ausmacht. Und wenn die Menschen mit Ihnen gewinnen wollen, gewinnen Sie als Firma."*

Sich selbst zum Spitzenleister machen

Nun haben wir lange darüber gesprochen, was Unternehmen und Führungskräfte tun können, um aus Mitarbeitern Spitzenleister zu machen. In diesem Spiel hat natürlich auch der Mitarbeiter selbst Verantwortlichkeiten. Hierzu gehört unter anderem das lebenslange Lernen. Dies ist keine Bringschuld des Unternehmens, sondern eine Hol-

schuld des Mitarbeiters. Und dabei geht es nicht nur um das Fachwissen, es geht vor allem auch um emotionale Intelligenz, um soziale Kompetenz, um Empathie und das komplexe Wissen über eine gewinnende verbale und nonverbale Kommunikation. All dies sind Haupterfolgsfaktoren für Verkäufer, die sogar fachliche Defizite ausgleichen können. Andersherum funktioniert es allerdings nie – von einem Unsympathen kauft man nichts! Sympathie dagegen schafft Zuneigung – und damit Kauf- und Weiterempfehlungsbereitschaft.

Gutes Fachwissen wird heute von Kunden ganz einfach vorausgesetzt und ist kaum noch der Rede wert. Nur schwache Verkäufer präsentieren sich mit ihrem kompletten Fachwissen – und langweilen oder überfordern damit ihre Kunden. Wirklich gute Verkäufer verkaufen sich selbst – und Emotionen. Ob der Verkäufer das notwendige Fachwissen hat, spürt der Kunde sowieso: am unsicheren Blick, am Flattern in der Stimme, an der eingesunkenen Körperhaltung.

„Ich habe nie Autos verkauft, sondern immer nur mich selbst", hat der im Guinness-Buch der Rekorde eingetragene amerikanische Autoverkäufer Joe Girard einmal gesagt. Ein solch charismatisches Selbstbewusstsein braucht Substanz – und Übung. *„Ich übe ja täglich in meinen Verkaufsgesprächen"*, höre ich oft, wenn ich Verkäufer bei ihrer Arbeit begleite. Solche Verkäufer glauben, dass das, was sie drauf haben, reicht – und der Rest sei Improvisation. Und wenn es dann wieder mal nicht geklappt hat, müssen die üblichen Sündenböcke herhalten. Nur: Viele Unternehmen verlieren nicht gegen bessere andere Produkte, sondern gegen bessere andere Verkäufer.

Profis üben viel und bilden sich kontinuierlich weiter. Denken Sie nur mal an einen Spitzenmusiker. Der hat nächtelang geprobt, bevor er sich auf die Bühne wagt. Und er probt immer wieder – vor jedem Auftritt. *„Wenn ich einen Tag nicht übe, merke ich den Unterschied. Wenn ich zwei Tage nicht übe, merken es meine Freunde. Wenn ich drei Tage nicht übe, merkt es das Publikum"*, sagt der Star-Geiger Yehudi Menuhin.

Verkäufer dagegen gehen oft ganz ohne Warm-up zum Kunden. Und ohne Begeisterung. Wer weiterempfohlen werden will, braucht begeisterte Kunden. Nur: Wie soll sich der Kunde für etwas begeistern können, für das nicht einmal der Verkäufer brennt? Hand aufs Herz: Würden Sie bei Ihrem eigenen Unternehmen kaufen? Ist Ihre Antwort auf diese Frage ein verlegenes Schweigen, ein vielsagendes Augenrollen oder ein klares Ja? Selbst wenn Sie auf dem Standpunkt stehen, Ihr Produkt sei ganz O. K., aber es gäbe weit Besseres, bekommen Sie ein Problem. Denn wie soll Ihr Kunde Begeisterung für etwas empfinden, für das Sie selbst nur ein müdes Lächeln übrig haben?

Begeisterung ist ansteckend, heißt es so treffend. In vielen psychologischen Tests wurde bewiesen, dass positive wie negative Emotionen von Mensch zu Mensch überspringen und sogar ganze Menschengruppen ‚infizieren' können. ‚Resonanz erzeugen' heißt das Prinzip. Die dafür ‚Verantwortlichen' im Hirn wurden inzwischen ebenfalls gefunden: Sie heißen Spiegelneuronen. Nur, wer eigene Gefühle zulässt und zeigt, kann sie auch bei anderen entfachen. Und das bedeutet zweierlei: Verkäufer müssen erstens ihre Emotionen zeigen können und zweitens sich in die emotio-

nale Situation ihrer Kunden einfühlen, also Empathie entwickeln. Empathie? Beobachten Sie mal das Gesicht eines anderen, während Sie sich mit einem Hammer kräftig auf den Daumen schlagen, und Sie wissen, was ich meine. In meinen Seminaren kann ich mit einem kräftigen Gähnen locker mehr als die Hälfte der Teilnehmer ebenfalls zum Gähnen bringen. Und wie leicht ein Lächeln ansteckt, das ist fast schon magisch. Werden Sie also zu einem Sender von Zuversicht und guter Laune. Begeisterung ist nichts anderes als eine volle Ladung Glückshormone. Wir merken sehr schnell, wie viel Energie uns das gibt – und wie viel Überzeugungskraft. Wir könnten Bäume ausreißen und die Welt umarmen, wir fühlen uns beflügelt, kraftvoll, ganz einfach pudelwohl. Genauso geht es übrigens dem Kunden. In einem solchen Zustand kauft er gern – und spricht beschwingt Empfehlungen aus.

Anders sein, besser sein, schneller sein, nach kundenrelevanten Problemlösungen suchen, gute Gefühle verkaufen und für ein begeisterndes Kauferlebnis sorgen: Das ist es, was der Markt in Zukunft honorieren wird. Verkäufer, die das schaffen, werden nicht mehr mühsam um Empfehlungen und Referenzen betteln müssen – diese kommen nun von ganz alleine. Ihre begeisterten, ja geradezu ‚entflammten' Kunden werden die Werbetrommel rühren, von sich aus neue Interessenten ansprechen und mit den wärmsten Worten Empfehlungen geben. Sie werden anrufen und Ihnen Mails schreiben, um potenzielles Neugeschäft zu avisieren. Und der ganzen Welt erzählen, wie gut es um Sie steht. So kommt schließlich Geschäft aus allen Ecken, und das Empfehlungsgeschäft der Weiterempfehler setzt sich in Gang. Genial!

4. Empfehlungsgeschäft ist Vertrauensgeschäft

Sie kennen das womöglich: Es ist Nacht, es ist spät und es regnet. Sie sind mit 150 auf der Autobahn unterwegs. Sie wollen nur noch heim. Die Fahrbahn spiegelt, die Gegenlichter blenden, so richtig gut sehen Sie nicht. Es könnte was auf der Fahrbahn liegen … Ein kleines Restrisiko gehen Sie ein. Womöglich kitzelt Sie – wie bei einer Mutprobe – das Wagnis: Sie vertrauen Ihrem Glück. Und im Zweifel Ihren Instinkten und Reflexen. Sie werden es auch diesmal schaffen. Und dann ist es vollbracht. Sie sind noch mal davongekommen. Das fühlt sich gut an.

Menschen wollen und müssen vertrauen. Ohne Vertrauen wäre kein einziger Schritt möglich in dieser Welt. Gerade in Zeiten lockerer Bindungen und hoher Komplexität nimmt die Bedeutung von Vertrauen als Basis tragfähiger Beziehungen zu. Dort, wo Führungskräfte mit ihren Mitarbeitern hauptsächlich per E-Mail oder Telefon kommunizieren, weil Entfernungen nur noch virtuell überbrückbar sind, verbindet sie vor allem Vertrauen. Vertrauen ist immer dann unabdingbar, wenn Menschen einander nicht sehen können. Wo die Zeit nicht reicht oder das Wissen fehlt, um eine Sache zu durchleuchten, ist Vertrauen der beste Kitt. Und dort, wo wir von Fremden auf dem globalen Marktplatz Internet kaufen, gibt es nur eine Chance: Vertrauen.

Vertrauen steigert das Tempo, sein feiger Gegenspieler, die kleinliche Kontrolle, verlangsamt es. Weniger Administration bedeutet mehr Zeit für die eigentliche Arbeit. Aus diesem Grund stehen Bürokratien und Hierarchien auf verlorenem Posten. Sie werden den Wettlauf um die Zukunft verlieren. *„Die Gesellschaft der Zukunft ist zum Vertrauen verurteilt"*, schreibt der Philosoph Peter Sloterdijk. Vertrauen macht schnell und gut. Denn Mitarbeiter teilen ihr Wissen nur dann, wenn sie einander vertrauen können. Vertrauen öffnet und macht kreativ. Nur in Vertrauenskulturen können die ganz großen Würfe gelingen.

Ohne Vertrauen geht es nicht

Vertrauen ist ein Tauschgeschäft wie Geben und Nehmen. Vertraust du mir, dann vertrau ich dir. Nur: Genau umgekehrt müsste es lauten, denn Vertrauen beginnt am besten mit einem Vertrauensvorschuss. Vertrauen wird geschenkt im ersten Schritt. Es macht den stark, der diesen Schritt zu gehen wagt. Denn er hat die Angst vor der eigenen Verwundbarkeit besiegt. Wer anderen vertraut, wirkt vertrauenswürdig. Wer hingegen zu Misstrauen neigt, weckt gleichzeitig Misstrauen bei anderen. Diese nehmen sich nun auch in Acht. Vorsicht macht sich weitläufig breit. Wo Vertrauen fehlt, regieren Unsicherheit und Angst. Angst blockiert – und macht krank. Ein Leben in Dauerstress führen zu müssen und ständig auf der Lauer zu liegen, ist schlimmer, als gelegentlich enttäuscht zu werden. In einer Misstrauenskultur sieht man den Feind um jede Ecke kommen, wittert überall böse Machenschaften und ist permanent auf der Hut. *„Der Misstrauische verspielt nicht nur Gewinne, die eine Zusammenarbeit womöglich eingebracht hätte, sondern vermeidet am Ende jeden Kontakt"*, meint der Soziologe Rainer Paris. Und das ist etwas, was wir im Empfehlungsmarketing nun wirklich nicht brauchen können.

Vertrauen schenken ist nicht ohne Risiko – doch die Vorteile überwiegen. Und damit meine ich nicht Blauäugigkeit und blindes Vertrauen. Denn blindes Vertrauen ist naiv. Dem wachsamen Vertrauen eine Chance zu geben, das ist klug. Spieltheoretische Analysen weisen immer wieder nach, dass am erfolgreichsten mit anderen zusammenarbeitet, wer zunächst vertrauensvoll in eine solche Beziehung investiert – und sich danach immer so verhält wie das Gegenüber. Die menschliche Erfahrung zeigt: Wer Vertrauen erhält, tut alles, um es zu behalten. Denn Vertrauen fühlt sich gut an. Und das heißt auch: Je größer das Vertrauen, umso feindseliger reagiert, wer sich getäuscht oder betrogen fühlt. Vertrauen ist ein zartes Pflänzchen. Es braucht lange zum Wachsen und ist in Sekunden zerstört.

Was uns die Spieltheorie lehrt

Die Menschen haben einen ausgeprägten Sinn für Fairness. Betrug und Übervorteilung werden, so fanden Hirnforscher heraus, in der für Abscheu zuständigen Region unseres Gehirns gespeichert. Ein Vertrauensmissbrauch ist daher eher die Ausnahme. Doch er trifft uns tief. Und die Furcht davor ist riesig. Deswegen tun wir alles, um uns dagegen zu schützen. In vorauseilender Angst überreagieren schwache Führungskräfte und leiten drakonische Kontrollmaßnahmen ein, noch bevor es zu einem Vertrauensmissbrauch gekommen ist. Und genau deshalb tritt er ein. Das ist die sich selbst erfüllende Prophezeiung.

So sollten wir es machen: Vertrauen schenken im Rahmen festgelegter Spielregeln, und falls dann ein Vertrauensmissbrauch eintritt, ihn als Regelverstoß konsequent ahnden. Das ist wie beim Fußballspiel. Dort gibt es ein Spielfeld und Regeln. 99 Prozent der Spielzüge sind korrekt. Nur ab und an wird ein Foul gespielt. Dafür gibt es eine Verwarnung, eine gelbe oder eine rote Karte. Wenn Sie einmal einen Schiedsrichter in dieser Phase beobachten, sehen Sie: Er ist klar und deutlich in seinen Gesten. *„Ich pfeife das Spiel erst wieder an"*, sagt der in seiner aktiven Zeit zu den Weltbesten zählende Schiedsrichter Urs Meier aus der Schweiz, *„wenn der verwarnte Spieler mir in die Augen gesehen hat und ich erkennen kann, dass er meine Entscheidung annimmt."*

Das Fazit aus all dem lässt sich wie folgt formulieren:

1. Biete immer zunächst Kooperation an! Auf der Basis von Vertrauen. Im Rahmen eines abgesteckten Spielfelds.
2. Wenn dies mit kooperativem Vertrauen erwidert wird, mach so weiter!
3. Wenn es nicht erwidert wird, handle konsequent! Entziehe Vertrauen!
4. Mach nach einer Weile ein erneutes Vertrauensangebot! Gib die zweite Chance!
5. Bestrafe nicht 99 Gute wegen eines schwarzen Schafs!

Ein Vertrauensvorschuss ist gerade in der Anfangsphase einer Kundenbeziehung sehr wichtig. Daraus entwickelt sich eine Kraft, die viel Positives bewirkt. Ständiges Misstrauen dagegen zerstört. Es macht Ihr eigenes Leben und das Ihrer Umgebung zur Qual.

Kundenvertrauen aufbauen

Vertrauen ist die Basis jeder Empfehlung. Empfehlungsgespräche sind immer vertrauensvolle Gespräche. Vertrauen entsteht durch Vertrautheit. Man vertraut dem, den man gut kennt. Vertrauen bedeutet, sich auf jemanden – auch unbesehen – verlassen zu können. Vertrauen kann sogar Verstehen ersetzen. Denn Vertrauen ist die Brücke zum Neuland. Wenn wir das sichere Ufer des Bekannten verlassen müssen, und uns in die Ungewissheit einer neuen Erfahrung begeben (also bei jedem Kauf), dann hilft uns Vertrauen. Und das heißt, unseren biologischen Abwehrreflex zu unterdrücken und Neugier siegen zu lassen. Soll ich oder soll ich nicht? Jetzt oder später? Bei diesem oder einem anderen Anbieter? Empfehlen oder nicht empfehlen? Vertrauen erfordert Mut. Insofern helfen uns wohlmeinende Dritte, weil deren ausgestreckte Hand den Zaudernden vertrauensvoll führt. Empfehler sind das Bindeglied zwischen Gewohntem und Ungewissheit. Sie legen die Trittsteine und machen den Weg sicher. Genau deshalb ist, wie ich eingangs schon sagte, empfohlenes Geschäft so einfach abzuschließen.

Der Vertrauensbildungsprozess beim Kunden setzt sich aus vielen kleinen Mosaiksteinchen zusammen. Er braucht vor allem Offenheit, Transparenz und eingehaltene Versprechen. Ohne Verlässlichkeit kein Vertrauen. Der Vertrauenskiller Nummer eins aber heißt: hohe Mitarbeiterfluktuation. Vertrautheit kann nicht aufgebaut werden, wenn bei jedem Vertriebsbesuch ein neuer Mensch erscheint oder sich am Telefon alle zwei Monate eine neue Stimme meldet. Vertrauen schafft sicher auch nicht, wer wichtige Kundenprozesse an mangelhaft geschulte Callcenter-Agenten outsourct, Preisspielchen spielt oder Kundenadressen unerlaubt weiterverkauft.

Wodurch Misstrauen entsteht	Wodurch Vertrauen entsteht
• Unhöflichkeit	• Höflichkeit
• Unfreundlichkeit	• Freundlichkeit
• Falschheit	• Integrität
• Vertrauen missbrauchen	• Loyalität
• über Dritte herziehen	• Ehrlichkeit
• Missachtung	• Zuverlässigkeit
• Intoleranz	• Toleranz
• Verschlossenheit	• Offenheit
• Manipulation	• konsequentes Handeln
• unberechtigte Kritik	• Großzügigkeit
• Drohungen	• Anteil nehmen
• misstrauisch sein	• Vertrauen schenken

Vertrauen auf Kundenseite muss sich entwickeln. Das kostet Zeit, doch die ist gut investiert. Übrigens: beinharte Kontrolle kostet auch. Und zwar nicht nur Zeit und Geld, sondern vor allem Mitarbeitermotivation. Die so wichtige kundenfokussierte Einstellung lässt sich nämlich nicht verordnen, ein Lächeln nicht befehlen und schon gar nicht kontrollieren. Eine Bäckerei-Verkäuferin sagte mir einmal: „Wir müssen hier freundlich sein, wir werden nämlich heimlich kontrolliert!" Das Ergebnis: Jeder Kunde könnte ein Aufpasser sein, und so wird er dann auch behandelt: Mit aufgesetzter Höflichkeit und einem verkniffenem Mund. Kein guter Grund zum Weiterempfehlen.

Vertrauen entsteht durch viele kleine positive Erfahrungen. So bauen wir ein Vertrauenspolster auf. Es macht uns stark und gibt uns Selbstvertrauen. Und es lässt uns die eine oder andere Enttäuschung verkraften. Meistens jedenfalls. Deshalb allem voran: Halten Sie Ihre Versprechen ein! Und pflegen Sie die in der Auflistung gezeigten Eigenschaften, durch die sich Vertrauen entwickelt.

Vertrauen in ein Produkt beziehungsweise eine Dienstleistung kann besonders gut über eine vertrauenswürdige Person aufgebaut werden. Oder über den guten Ruf einer Marke. „*Eine Marke ist nichts anderes als Vertrauen, und zwar darauf, dass sie ihr Leistungsversprechen einlöst*", sagt Florian Haller, Geschäftsführer der Werbeagentur Serviceplan. Aldi und Ikea zum Beispiel haben zu ihren Kunden ein tragfähiges Vertrauensverhältnis entwickelt.

Ohne Vertrauen wird es keine einzige Empfehlung geben. Denn Mitarbeiter, die kein Vertrauen erhalten, können dem Kunden kein Vertrauen vermitteln. Und wer als Kunde kein Vertrauen spürt, wird auch keine vertrauensvollen Empfehlungen aussprechen können. Wie heißt es so schön: Vertrauen ist der Anfang von allem.

5. Begeisterung ist ein Turbo für den Empfehlungserfolg

Wenn wir jemanden fragen, wie er eine bestimmte Sache, sagen wir den Samstag Vormittag in einem Shopping Center oder die Eröffnungsfeier eines Autohauses fand, dann sagt er entweder „ausgezeichnet" oder „naja" oder „frag mich lieber nicht". Er ist also begeistert, zufrieden oder enttäuscht. Weil Kunden einerseits saturiert und andererseits mit immer weniger Zeit und Geld unterwegs sind, sind sie deutlich reizbarer. Und immer fordernder. Wir haben es heute mit ständig latent unzufriedenen Kunden zu tun. Und die Messlatte wird immer höher gelegt.

Wer empfohlen werden will, braucht begeisterte, ja geradezu faszinierte Kunden. Bester Ausdruck der Kundenbegeisterung sind deren Ahs und Ohs vor und nach dem Kauf („Kaum zu glauben!" – „Das man das für mich tut!" – „Das ist mir so noch nie passiert!"). Solche kleinen und großen Momente des Glücks sind es, die der emotional berührte Kunde weitererzählen wird. Und im Überschwang seiner Gefühle wird er andere geradezu mitreißen, das gleiche zu kaufen.

„Genügend Geld ist da, man muss die Leute nur begeistern", sagt Willy Bogner.

Begeisterung kann man managen. Diesen Aspekt habe ich bereits in meinem Buch *Zukunftstrend Kundenloyalität* ausgeführt. Dort finden Sie auch eine Übersicht der gängigen Begeisterungsfaktoren. Sie bringen den Käufer dazu, reichlich Pluspunkte in die Waagschale zu werfen. Diese können möglicherweise sogar bereits angesam-

melte Minuspunkte wieder ausmerzen. Denn wer begeistert ist, verzeiht auch kleine Fehler.

Es gibt Begeisterungsfaktoren, die kosten Geld. Und es gibt sehr viele, die kosten keinen Cent, sodass sich diese jeder leisten kann. Es sind oft die kleinen, achtsamen, unerwarteten Dinge, die begeistern und damit emotionale Verbundenheit auslösen. Nicht jeder Begeisterungsfaktor wird dabei jeden Kunden berühren. Und nicht jeden Begeisterungsfaktor wird der Kunde sofort honorieren. Aber das Nichtvorhandensein wird er bestrafen. Indem er sich auf die Suche nach Besserem macht.

Wie Begeisterung entsteht

Erst seit wenigen Jahren können Hirnforscher dem lebenden menschlichen Gehirn direkt bei der Arbeit zuschauen. Beispielsweise können, wie eingangs schon kurz angeklungen, mit Hilfe der funktionellen Kernspintomographie (fMRI) gefahrlos und manipulationsfrei Aktivitätsmuster in den unterschiedlichen Hirnregionen optisch dargestellt werden. Und siehe da: Die Emotionen sind die wesentlichen Treiber menschlichen Verhaltens. Denken, Fühlen und Entscheiden sind aufs Engste miteinander verbunden. Wenn wir auch noch so stolz auf unser Denkhirn sind: Den ‚Homo oeconomicus', der seine Entscheidungen vollkommen rational trifft und nur auf seinen Nutzen bedacht ist, den hat es nie gegeben. Für das, was hinter den mehr oder weniger verschlossenen Türen des Unterbewusstseins blitzschnell und ohne unser Zutun passiert, suchen wir erst im Nachklang die Gründe, die uns selbst und anderen plausibel erscheinen. *„Kunden brauchen eine rationale Entschuldigung für eine emotionale Entscheidung."* So brachte dies einmal der Werbemann David Ogilvy auf den Punkt.

Ohne Emotionen kommt keine einzige Entscheidung zustande. Vollautomatisch trifft unser limbisches System, ohne dass wir dies verhindern könnten, ständig überlebenswichtige Entscheidungen: „Gut für uns" oder „Schlecht für uns". „Gut für uns" wird mit einem angenehmen, „Schlecht für uns" mit einem unangenehmen Gefühl belohnt. Dies wird unter anderem verursacht durch Botenstoffe wie Serotonin, Dopamin, Oxitocin, Cortisol und Adrenalin. Deren Ausschüttung erfolgt zwar über das Gehirn, wir nehmen sie jedoch als körperliche Reaktionen wahr, vor allem

im Bereich der inneren Organe. Daher Bauchgefühl. Ein gutes Bauchgefühl ist letztlich nichts anderes als eine durch Hirnprozesse ausgelöste Veränderung von neuronalen und chemischen Prozessen, die sich mit leiser Stimme in unserem Körper bemerkbar macht.

Gefühle bestehen also weitgehend aus der Wahrnehmung eines bestimmten Körperzustandes. Wir leben in einem ständigen Spannungsbogen zwischen Plus und Minus, Lust und Schmerz, Freude und Traurigkeit, Glück und Angst, Hass und Liebe, Schwarz und Weiß. Wohlbefinden löst angenehme Gefühle aus und diese führen wiederum zu positivem Denken und damit zu positiven Entscheidungen. In einem solchen Zustand sehen wir alles rosarot – und konsumieren gern. Bei Unwohlsein hingegen geht das Ganze ab nach unten, die Welt ist grau in grau – und unsere Kauflust-Zentren sind blockiert. Also: Wer in positiven Ge-

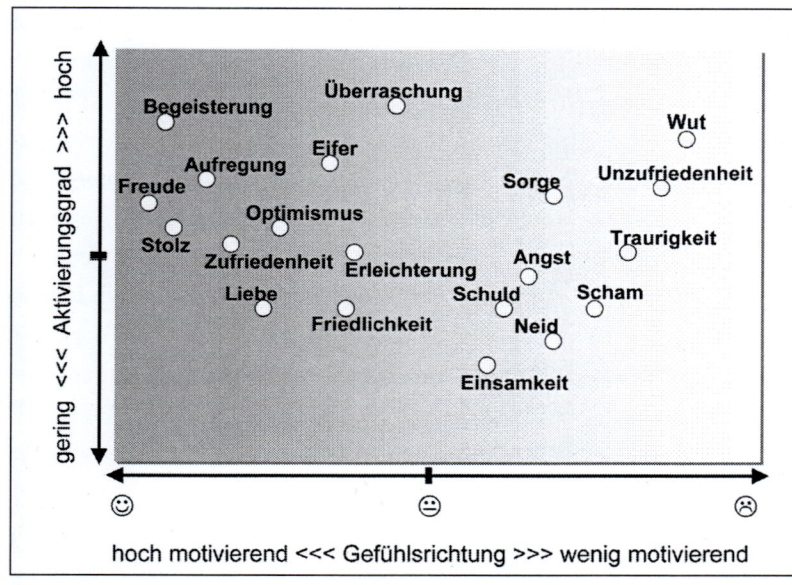

Abbildung 6:
Die 20 wichtigsten Emotionen, die für Konsumsituationen gültig sind und anhand der Dimensionen Gefühlsrichtung (positiv, neutral, negativ) und Aktivierungsgrad (die ‚Lautstärke' der Emotion) beschrieben werden können. (Quelle: in Anlehnung an Marcel Kranz, *Absatzwirtschaft* 6/2005)

fühlen badet und gut gestimmt ist, kauft bestimmt – und teilt seine gute Stimmung mit Freunden. Dem Menschen dagegen, der in schlechter Stimmung ist, kann man nichts verkaufen! Das einzig Beklagenswerte an der Sache: Die ‚Flüssigkeit des Denkens', also die gefühlte Zeit, verlangsamt sich bei Traurigkeit und beschleunigt sich im Zustand des Glücks.

Was Hirne gerne speichern

Das Speicherpotenzial unseres Gehirns ist gewaltig. In einem Drei-Sekunden-Rhythmus sendet es Signale nach draußen und fragt die Welt: Was gibt's Neues? Doch nur, was aus Sicht des Gehirns relevant ist, wird es tatsächlich auch speichern. Für weit über 99 Prozent dessen, was sich im Außen tut, ist es blind und taub. Und es ist sehr subjektiv in der Wahrnehmung. Es formuliert Außenreize so um, dass sie in die eigenen Denkmuster passen: eher positiv oder eher negativ. Die Sache mit dem halbvollen beziehungsweise halbleeren Wasserglas ist nur *ein* Beispiel dafür.

Um eine Veränderung herbeizuführen, also beispielsweise etwas zu kaufen oder weiterzuempfehlen, ist ein gehöriger Erregungsgrad der emotionalen Zentren vonnöten. Bei hoher Stimulierung werden Informationen eher und länger gespeichert. *„Botschaften, die nicht zu zusätzlichen neuronalen Aktivitäten führen – also langweilige Reize – haben wenig Wahrscheinlichkeit, Zugang zum Gedächtnis zu finden und scheinen demzufolge auch weniger intensiv verarbeitet zu werden"*, sagt Professor Lutz Jäncke von der Universität Magdeburg. Und neurowissenschaftliche Experimente an der Universität Münster brachten Professor Dieter Ahlert zu dem Schluss, dass der Aufbau

von emotionalen Erfahrungen das beste Mittel sei, um den ersten Platz in den Konsumentenköpfen zu besetzen. Das heißt: Unser Hirn will verblüfft werden.

Emotionen haben für unser Hirn immer Vorfahrt. Ihr Produkt ist banal und hat kein emotionales Potenzial? Würden sich die Konstrukteure und Produktentwickler nicht nur mit den Funktionalitäten, sondern mehr noch mit der Erlebnisdimension beim Produktgebrauch beschäftigen, käme es zu manchem ‚Wow' der Verbraucher. Gerade in der immens erstarkenden Zielgruppe der Frauen fänden sich dankbare Abnehmer. Und nicht nur bei denen. „Für die größte Zielgruppe der Welt gebaut. Menschen mit Gefühlen", so heißt es auf Porsche-Anzeigen zu den 911er-Modellen. Und der Anteil der männlichen Porsche-Käufer liegt bei 90 Prozent.

Männer- und Frauenhirne funktionieren, wie inzwischen hinlänglich bekannt ist, sehr verschieden. High-Tech-Geräte, Werbespots, Werkzeuge und vieles mehr wird jedoch – aus Sicht der Frau – ganz offensichtlich von Männerhirnen für Männerhirne ersonnen. Die meisten Gebrauchsanweisungen, Medikamenten-Beipackzettel und zum Beispiel auch diese wild durchnummerierten Staubsauger-Beutel sind – frauenhirntechnisch gesehen – ganz einfach eine Frechheit. Wir Frauen sind immer wieder fassungslos, wie wir dabei für dumm verkauft werden. Nur: Wer sich dumm vorkommt, kauft nichts. Es ist nicht unsere Schuld, sondern das Versagen der Hersteller, wenn wir ihre Technik so gar nicht kapieren. Denn der, der die Kommunikation beginnt, hat sicherzustellen, dass sie auch wie gewünscht ankommt.

Alle, die etwas verkaufen wollen, sollten wissen: Kaufentscheidungen im Consumerbereich werden inzwischen zu über 80 Prozent unmittelbar oder mittelbar von Frauen getroffen (sagt die Female Forces-Studie vom Zukunftsinstitut in Kelkheim). Sogar in klassischen Männer-Domänen steigt der Frauenanteil massiv. Beim Baumarkt Hornbach („Es sind die schmutzigen Jungs, die Herzen brechen") betrug der Anteil weiblicher Kunden in 2006 schon 43 Prozent. Allerdings sei das, so Hornbach, nur die halbe Wahrheit: *„Aus der Marktforschung ist bekannt, dass Frauen vielfach die Entscheidung für Heimwerker-Projekte fällen. Immer mehr Frauen begeistern sich auch über diese Entscheider-Rolle hinaus für das Heimwerken, die meisten stehen ihren Partnern beim Fliesenlegen, Parkettschleifen oder Wändedekorieren in nichts nach – sie sind professionelle Heimwerkerinnen."*

Welche Erlebnisse haben nun Kunden und Kundinnen bei Ihnen, die sie begeistern und damit zum Weitersagen treiben? Haben Ihre Leistungen Empfehlungspotenzial? Oder bekommt man bereits beim ersten Kontakt einen Schrecken? Bewacht ein leibhaftiger Cerberus Ihren Laden oder Ihre Telefonzentrale? Machen Ihre Mitarbeiter Dienst nach (ISO-Norm-)Vorschrift, oder wachsen sie auch schon mal über sich hinaus, um Kunden zu betören? Gerade bei Dienstleistern spielt die Interaktion zwischen Mitarbeitern und Kunden eine entscheidende Rolle. Waren Kunden früher geduldig, brav und zahm, so haben sie heute null Verständnis für nicht funktionierende Prozesse und völlig ahnungslose Angestellte. Je professioneller und gleichzeitig individueller die Leistung für den einzelnen Kunden erbracht wird und je unmittelbarer der Kunde-Mitarbeiter-Kontakt ausfällt, desto stärker ist das Gefühl emotionaler Verbundenheit. Und dort, wo Produkte nicht mehr faszinieren können, da müssen es die Menschen tun.

Bei der amerikanischen Franchisekette Build-a-Bear, die inzwischen auch Standorte in Europa hat, können Kunden nicht nur knuffige Plüschbären kaufen. Vielmehr baut dort eine Mitarbeiterin den Wunschteddy überaus liebevoll nach den ganz individuellen Kundenvorstellungen zusammen. Der Clou bei der Sache: Der Teddy bekommt ein kleines Herz, das der zukünftige Besitzer küsst, bevor es die Mitarbeiterin im Brustraum des Plüschtiers unterbringt. Die Wirkung ist einfach rührend.

Wo zeigt Ihr Produkt eine solche Wirkung, über die man fasziniert spricht? Begeistern heißt auch, nicht alles, was eine Dienstleistung hergibt, vorab preiszugeben. Überraschen Sie den Kunden doch einmal mit einem Detail, mit dem er überhaupt nicht gerechnet hat. „So machen die das also", sagt der Kunde entzückt, und: „Das hätte ich nicht gedacht!" Die Überraschung kann etwas Materielles sein – oder eine zwischenmenschliche Geste. Der Fahrer einer Senioren-Busreisegruppe, der sich beispielsweise einen Frack anzieht und majestätisch klingende Musik einlegt, während er den Gästen ein Glas eisgekühlten Sekt serviert, wird garantiert in guter Erinnerung bleiben – und zum beliebten Gesprächsthema bei der Rückkehr.

In einer von der Kommunikationsagentur Weber Shandwick durchgeführten Online-Befragung mit 4000 Konsumenten aus vier europäischen Ländern bezeichnen sich übrigens vier von zehn Befragten selbst als Advokaten ‚ihrer' Marke. Über 70 Prozent dieser Advokaten motiviert die Fähigkeit ‚ihrer' Marke, unerwartete und lustige Erlebnisse zu schaffen, zu einer aktiven Empfehlung. Eine Steigerung positiver Überraschungsmomente kann also die Weiterempfehlungswahrscheinlichkeit überproportional verbessern. Im Rahmen dieser Studie zeigten sich übrigens die Deutschen als die aktivsten Markenbotschafter, gefolgt von den Spaniern, Briten und Italienern.

Von der Kundenbefürchtung zur Kundenbegeisterung

Jeder Kaufakt beinhaltet ein gewisses Risiko – und hat Faszinationspotenzial. Die Bandbreite möglicher Kundenreaktionen reicht also von der schlimmsten Befürchtung bis zur hemmungslosen Begeisterung. Unser Kunde hat Erwartungen, die durch eigene positive oder negative Vorerfahrungen, durch Empfehlungen Dritter, durch Ihre Kommunikationsmaßnahmen oder die Bestform der Mitbewerber beeinflusst werden. Und nun gleicht er durch diesen Filter subjektiver Wahrnehmung seine Erwartungen mit der erhaltenen Leistung ab. Und das ‚gefühlte' Resultat? Ungenügend? Mangelhaft? Befriedigend? Sehr gut? Unerwartet gut? An dieser ur-persönlichen und von der jeweiligen Tagesform abhängigen Beurteilung des Kunden alleine werden Sie gemessen. Ist er gut drauf, fällt das Ergebnis blendend aus. Hat er einen rabenschwarzen Tag, kommen bei aller Anstrengung auch Sie nicht gut weg. So ist etwa die viel beschworene Qualität keine objektiv messbare Leistung. Sie entsteht vielmehr immer subjektiv im Kopf des Nutzers und wird von je-

dem anders definiert. Qualitätsstandards, die Ihnen passend erscheinen, können für den Kunden völlig inakzeptabel sein. Denn seine Messlatte liegt deutlich höher. In jedem Fall gilt: Um ihn zu begeistern, werden Sie seine Erwartungen übertreffen müssen.

Nun könnte man, um seine Kunden zu begeistern, also versuchen, deren Erwartungen einfach zu senken. Wenn wir weniger versprechen, brauchen wir nicht so viel zu halten. Im Grunde genommen würde dieser Ansatz auch funktionieren, wenn, ja wenn da nicht noch die Mitbewerber wären. Als Monopolist hat man es einfach. Monopolist sind Sie aber nur so lange, bis jemand seine Chance wittert und Ihre Schwächen erkennt. Und im Wettbewerb werden Kunden immer demjenigen den Vorzug geben, der ein möglichst emotionalisierendes Erlebnis verspricht. Wenn ein Unternehmen allerdings nichts Außergewöhnliches zu bieten hat, wenn seine Produkte austauschbar sind und der Service alles andere als begeistert, entscheidet immer der Preis. Dann soll es wenigstens billig sein. So trösten wir uns (Trostpreis!) über emotionale Mängel beziehungsweise Enttäuschungen hinweg. Angebote hingegen, die einzigartig sind und begeistern, dürfen ruhig ein wenig kosten. Für durch und durch gute Gefühle sind Kunden sogar bereit, tief in die Tasche zu greifen.

Basisanforderungen indessen, zum Beispiel saubere Toiletten in Restaurants, werden als selbstverständlich vorausgesetzt, sonst setzt starke Unzufriedenheit ein. Was dagegen nicht erwartet worden ist, was einem womöglich so klasse das erste Mal passiert, löst Begeisterung und damit emotionale Verbundenheit aus. Alles, was mit blu-

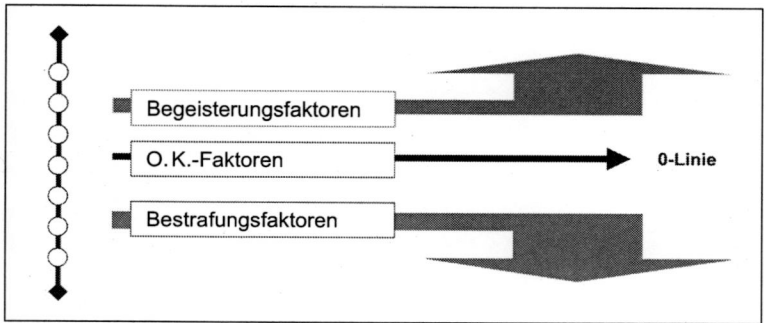

Abbildung 7:

Mit den Mitarbeitern gemeinsam und entlang der Kundenkontaktpunkte kann erarbeitet werden, welche Bestrafungs-, O.K.- und Begeisterungsfaktoren die eigenen Angebote enthalten. Erst oberhalb der Null-Linie entsteht Empfehlungspotenzial.

migen Werbeworten Ihr bunter Prospekt, das Internet, Ihr Verkäufergeschwader erzählt, muss nicht nur eingelöst, sondern sogar überboten werden. Geradezu entzückt und wie magisch angezogen muss der Kunde sein, das ist der beste Nährboden für Loyalität und positive Mundpropaganda.

Das Denken in den folgenden drei Kategorien (inspiriert durch das Kano-Modell des japanischen Universitätsprofessors Noriaki Kano) ist beim Umgang mit Kundenerwartungen hilfreich: Bestrafungs-, O.K.- und Begeisterungsfaktoren. Diese sollten für jeden Kundenkontaktpunkt ermittelt werden – gemeinsam mit den Mitarbeitern und aus Sicht des Kunden betrachtet.

Bestrafungsfaktoren

Mit dieser Kategorie von Produkt- und Dienstleistungsmerkmalen können Sie Ihren Kunden weder begeistern noch befriedigen, aber Sie können es sich gründlich mit ihm verderben. Wenn Sie einen Elektriker beauftragen, bei Ihnen zu Hause eine Designer-Lampe zu montieren, werden Sie eine schlussendliche Funktionsprüfung erwarten. Wird diese nicht durchgeführt und stellen Sie fest, kaum dass der Elektriker das Haus verlassen hat, dass

die Lampe nicht brennt, werden Sie sehr unzufrieden sein. Macht er die Prüfung, ist das für Sie ganz normal, also nicht der Rede wert.

Mängel oder Fehler bei Bestrafungsfaktoren tolerieren wir nicht, da es sich dabei einfach um Selbstverständlichkeiten handelt (so denken wir). Unsere negative Reaktion ist überproportional stark, vor allem wenn von unserem Auftragnehmer dann noch die Antwort kommt, man möge sich wegen dieser Kleinigkeit nicht so aufregen, das könne schon mal passieren.

Im Empfehlungsmarketing dürfen keinerlei Bestrafungsfaktoren vorkommen. Gerade Fehler bei ‚Nichtigkeiten‘ geben dem Kunden das Gefühl der offensichtlichen Missachtung. Ergebnis: Er wird Sie bestrafen, so gut er nur kann – indem er nämlich alle in seinem Umfeld warnt! Identifizieren Sie, welche Faktoren für Ihre Kunden ‚Muss‘ sind, und stellen Sie sicher, dass zumindest diese bei jedem Kunden immer zu 100 Prozent erfüllt werden. Über alle Branchen hinweg sind das Aspekte wie etwa Sicherheit, Sauberkeit, Höflichkeit und Ehrlichkeit.

Zusatzleistungen und Begeisterungsfaktoren bleiben völlig wirkungslos, solange es noch derbe Bestrafungsfaktoren gibt. Sehr deutlich erleben wir das bei der Bahn. Wir können weder den Service am Platz noch den hilfsbereiten Zugführer goutieren, wenn jeder dritte Zug Verspätung hat.

O.K.-Faktoren

Wenn Sie über die Vermeidung von Unzufriedenheit hinauswollen, müssen Sie an den O.K.-Faktoren arbeiten. Mit denen haben Sie, im Gegensatz zu den Bestrafungsfaktoren, die Chance, über den Zufriedenheitsnullpunkt hinauszukommen. Ein schönes Beispiel dafür ist die Freundlichkeit. Ist Ihr Elektriker bei der Montage unfreundlicher, als Sie erwarten dürfen (denn schließlich sind Sie ja der Kunde), werden Sie unzufrieden sein, auch wenn die Lampe funktioniert. Ist er so freundlich, wie Sie es von einem Elektriker erwarten, werden Sie weder unzufrieden noch begeistert sein. Übertrifft er aber Ihre Freundlichkeitserwartungen deutlich, werden Sie ihn – wenn die Lampe dann immer noch funktioniert und er nicht nur nett mit Ihnen geplaudert hat – womöglich auch beim nächsten Mal anrufen und mit einem neuen Auftrag belohnen.

Die O.K.-Faktoren gilt es zu identifizieren und dafür zu sorgen, dass mindestens das erwartete beziehungsweise als selbstverständlich erachtete Niveau erreicht wird. Dazu gehören termingerechte Lieferungen, vollständige Bestellungen, eingehaltene Versprechen usw. Dem Kunden kommt es wahrscheinlich gar nicht auf den ganzen Service-Schnickschnack an, der bei Ihnen eine Kostenexplosion verursacht. Für ihn müssen zunächst die Kernleistungen stimmen. Einfach, praktisch und

schnell soll es gehen. Und die Mitarbeiter sollen zuvorkommend (im wahrsten Sinne des Wortes), kompetent und hilfsbereit sein. Wer in einem Supermarkt immer ewig an der Kasse warten muss, wenn er es eilig hat, den kann der kostenlose Espresso auch nicht locken. Und wer ein Sonnenstudio schmuddelig findet, der geht selbst mit einem dicken Geschenk-Gutschein nicht dorthin. Bevor wir uns also an die Service-Extras machen, muss zunächst die Basisleistung stimmen.

Begeisterungsfaktoren

Die ergiebigste Kategorie für massenhaft Empfehlungen? Das sind die Begeisterungsfaktoren. Mit diesen können Sie nur gewinnen. Ein Fehlen wird Ihnen vom Kunden nicht übel genommen, aber wenn Sie ihm diese bieten, wird er Sie dafür lieben. Wenn also der Elektriker nach der Montage und der Überprüfung noch höflich fragt, ob Sie im Schein dieser Lampe bevorzugt lesen oder Fernsehen wollen, Ihnen dem entsprechend eine Empfehlung für einen bestimmen Strom sparenden Glühbirnen-Typ gibt und diese gleich noch einsetzt, Ihr Wohnzimmer so sauber verlässt, wie er es betreten hat, und Ihnen den kleinen Aufpreis für die Sparlampe mit einem netten Augenzwinkern und einem herzlichen „Gern geschehen" erlässt (da es angesichts des Lampenpreises wirklich keine Rolle spielt), werden Sie wahrscheinlich sehr positiv überrascht, vielleicht sogar ein wenig begeistert sein. Und wenn Sie dann ein paar Tage später hinter der Gardine einen plüschigen Knut-Teddy finden, der Sie von Ihrem Elektriker herzlich grüßen soll und erklärt, es sei bei Ihnen so schön, dass er gerne bleiben möchte, ja dann sind Sie womöglich restlos begeistert – und erzählen die Geschichte gleich weiter.

„Wir können nie genug Zeit auf solche Details verwenden, weil wir einfach nicht wissen, welche Details letztlich den Kunden berühren", sagt der internationale Hoteldesigner Ian Schrager. So können wir höchstens erahnen, aber niemals sicher wissen, ob und wann ein Kunde begeistert ist – oder eben auch nicht. Aus diesem Grund ist es sinnvoll, den Kunden nicht nur zu beobachten, sondern ihn diesbezüglich ruhig auch einmal zu befragen. Nachdem man ihm einzelne Leistungsmerkmale vorgestellt hat, bietet man ihm dazu folgende Antwortmöglichkeiten an:

- … Das wäre einzigartig.
- … Das würde mich begeistern.
- … Das wäre für mich selbstverständlich.
- … Das wäre mir egal.
- … Das würde mich sehr stören.

Dem entsprechend lässt sich ein besseres Kundenverständnis entwickeln und auf Kundenwünsche individueller eingehen. Allerdings ist zu berücksichtigen, dass Kunden nicht immer wissen, was sie wollen, dass sie keinen Zugang zu ihren wahren Motiven haben, hie und da ‚sozial erwünschte' Antworten geben oder im Einzelfall auch berechnenderweise falsche Angaben machen. Andererseits ermöglichen solche Befragungen sogar, drohende Kundenverluste zu vermeiden. Und: In den Extremen, also in massiven Kunden-Unzufriedenheiten ebenso wie in hehrer Kundenbegeisterung stecken die größten Innovations-Chancen.

„Make your customer Wow"

Viele Begeisterungsfaktoren haben ihren Ursprung nicht nur in dem, was getan wird, sondern vor allem in dem, wie etwas getan wird. Gerade, wenn bei Dienstleistungen der Kunde in den Produktionsprozess mit eingebunden wird, merkt er sehr schnell, ob die Mitarbeiter ihren Job liebevoll oder lieblos erbringen. Man spürt beim Arzt, ob er die Untersuchung nach Schema F durchführt oder ob ihm das Wohlbefinden des Patienten wirklich am Herzen liegt. Und man spürt, ob die Spritze liebevoll oder lieblos gesetzt wird. Man spürt die Begeisterung der Kellner beim Lieblingsitaliener und die Uninteressiertheit bei der 08/15-Gaststätte von nebenan. Man spürt, ob die Verkäuferin einem wirklich etwas Passendes verkaufen möchte oder ob sie nur lustlos ihre acht Stunden ableiert und Thekenbewacherin spielt.

Studien haben gezeigt, dass die Qualität während der Leistungserbringung sogar höher bewertet wird als das Schlussergebnis. Doch gerade die ‚weichen' Faktoren, also der herzliche, achtsame und zuvorkommende Umgang mit den Kunden kann nicht per Dienstanweisung angeordnet werden. Ist dem so, erhalten wir Kunden höchstens ein ‚Muss-Lächeln', und das wird sofort enttarnt. Das echte, warme Lächeln und all die vielen kleinen freiwilligen Gesten des Entgegenkommens, die sich so gut anfühlen, sind eine Frage der Einstellung, also des ‚wollen Wollens' der Mitarbeiter. Die Ansprache des Kunden mit Namen ist dabei die einfachste Form. Der eigene Name ist das wichtigste Wort im Leben eines Menschen. Er ist magisch. Denken Sie nur mal an Rumpelstilzchen. Seinen eigenen Namen zu hören, sorgt automatisch für eine positive Grundstimmung.

An Bord eines Flugzeugs konnte ich in der Economy-Klasse Folgendes bislang nur ein einziges Mal erleben: „Herr Müller, was darf ich Ihnen anbieten?" „Frau Schüller, Kaffee oder Tee?" „Und Sie, Herr Fuchs?" usw. ... Der Effekt war gigantisch. Jeder hatte das Gefühl, etwas Besonderes zu sein. Es begann zu menscheln im Fluggerät. Anstatt sich hinter seiner Zeitung zu verbergen, begannen Wildfremde plötzlich miteinander zu reden und zu lachen. Und es war so einfach. Die Flugbegleiterin hatte die Passagier-Liste auf ihrem Servier-Wagen liegen. Warum nicht immer so?

Die Differenzierung zur Konkurrenz findet demnach nicht vornehmlich auf der Leistungsebene, sondern vor allem auf der Beziehungsebene statt. Die ,gefühlte' Wertschätzung, verbunden mit Herzlichkeit, absoluter Fairness und erprobter Zuverlässigkeit, ist der Dreh- und Angelpunkt für Begeisterung. Wenn es Ihnen dann noch gelingt, dem Kunden mit Spitzenprodukt- oder Servicenutzen unerwartete Anstöße für seine Lebensqualität oder seinen unternehmerischen Erfolg zu geben, dann ist das Weiterempfehlungsgeschäft schon so gut wie gesichert.

Dienstleistung neu erfinden

Wenn Sie der Begeisterung auf die Spur kommen wollen, beschäftigen Sie sich am besten nicht nur mit den (geheimen) Wünschen und Träumen Ihrer Kunden, sondern auch mit deren Befürchtungen, Zweifeln und Nöten. Fragen Sie sich: Was sind die (verborgenen) Ängste der Kunden in unserer Branche und wie antworte ich darauf? Die Angst beim Taxi fahren? Dass der Fahrer einen Umweg

fährt und uns unnötig schröpft. Die Angst der Hausfrau bei der Möbellieferung? Dass die Monteure Dreck machen oder etwas beschädigen. Das Gegenmittel: Die Monteure wechseln ihre Schuhe beim Eingang und haben Wolldecken dabei. Es sind oft die kleinen Dinge, die der Kunde so nicht erwartet und anderswo noch nie erlebt hat, die sich äußerst positiv auf sein Kauf- und Empfehlungsverhalten auswirken.

Bleiben wir einen Moment beim Taxifahrer. Die meisten machen es sich selber schön in ihrem Fahrzeug. Sie rauchen während der Wartezeiten, sie haben beim Fahren das Handy am Ohr und spielen ihre eigene Lieblingsmusik. Neulich traf ich einen, der stieg nicht mal aus für seine Fahrgäste. Er wollte sich seine neuen Schuhe nicht schmutzig machen. Ein anderer mochte trotz Sommerhitze die Klimaanlage nicht einschalten. Er hatte Angst vor einem steifen Nacken. Viele Taxifahrer grüßen nicht. Ihr Wagen stinkt und ist schmutzig. Sie benutzen den Beifahrersitz als Ablage für Persönliches – damit man sich bloß nicht neben sie setzt. Sie sind unfreundlich und übel gelaunt. Wir Fahrgäste sind höchstens geduldet, nicht aber willkommen.

Ganz anders mein Lieblingstaxifahrer (und den gibt's wirklich). Er sieht mich schon von Weiten kommen. Er steigt aus und lächelt und grüßt und kümmert sich zunächst um mich – und erst danach um meinen Koffer. ,Mensch vor Sache' heißt das Prinzip. „Möchten Sie lieber vorne oder lieber hinten sitzen?", ist seine fürsorgliche Frage. Da ich lieber hinten sitze, schiebt er sogleich den Vordersitz ein Stück vor, ohne dass ich darum bitten muss. Das nenne ich zuvorkommend – im wahrsten

Sinne des Wortes. „Wohin darf ich Sie bringen?", fragt er höflich interessiert, und: „Welche Route möchten Sie denn nehmen?" Nachdem es nach meinen Wünschen losgeht, fragt er weiter, welche Musik ich denn gerne höre und ob ich Zeitung lesen möchte (er hat nicht nur die mit den vier roten Buchstaben, sondern auch eine vernünftige Zeitung dabei) oder zu einer Plauderei aufgelegt sei. Viele Taxifahrer drängen einem ja ungefragt ein völlig belangloses Gespräch auf, benutzen einen als Kummerkasten oder kommentieren lautstark das fahrerische Können der Mitverkehrsteilnehmer. Da gibt es Worte, die hört man so zum ersten Mal. „Mach hinne, du Eunuche", brüllte einmal einer auf den vor ihm Fahrenden mit Euskirchener Kennzeichen ein. Als ich ihn bat, friedlich weiterzufahren, erntete ich gleich eine Schimpfattacke: „Was meinen Sie denn, für wen ich das alles tue? Sie hatten es doch eilig!" Mein Lieblingstaxifahrer hingegen kümmert sich darum, dass ich mich wohlfühle in seinem Auto. Er hat sogar eine Kühlbox mit Getränken dabei und macht so einen Zusatzverkauf. Meine Kreditkarte nimmt er mit den Worten „Ja, gerne" und gibt sie mir mit „Herzlichen Dank, Frau Schüller" zurück. Als Profi, der er ist, hat er sich in der Kürze der Zeit meinen Namen gemerkt. Soviel Gutes ist mir einen Batzen Trinkgeld wert. Und als wir uns verabschieden, übergibt er mir seine Visitenkarte mit den Worten: „Wenn Sie mal wieder ein Taxi brauchen, Frau Schüller, bitte rufen Sie mich einfach an. Ich fahre Sie wirklich gerne." Übrigens: Er heißt Paul Rusch.

Einen solchen Taxifahrer haben Sie noch nie getroffen? Können sie auch nicht, denn so einer steht nicht öde auf der Straße rum und wartet ewig auf Kundschaft. Er hat sich schon längst seine Stammkunden erarbeitet. Er fährt die lukrativen Gäste auf den langen Strecken zu angenehmen Zeiten. Und er macht eine Menge Umsatz durch Empfehlungen. Er hat die Dienstleistung ‚Taxi fahren‘ neu erfunden. Und sorgt so für Begeisterung. Vor allem aber: Er wird auch dann noch im Geschäft sein, wenn sich endlich weitläufig herumgesprochen hat, dass man nicht das erste Taxi in der Schlange nehmen muss.

Jedes Unternehmen sollte die Bestrafungs-, O. K.- und Begeisterungsfaktoren seiner Branche kennen. Bringt beispielsweise ein Pizza-Service die bestellte Pizza später als angekündigt und ist sie schon kalt, dann sind das eindeutig Bestrafungsfaktoren; wir kaufen dort nie wieder. Kommt der Pizza-Bote pünktlich, ist er höflich und die Pizza noch warm, so ist das O. K.. Womöglich ordern wir wieder dort. Hat man uns aber bei der Bestellung gefragt, wie viele Kinder im Haus sind und ihnen eine Leckerei mitgebracht, oder hat man bemerkt, dass wir zum ersten Mal kaufen und deshalb eine kleine Flasche guten Wein als Willkommensgeschenk dazugelegt, und ist die Pizza heiß und köstlich, dann bestellen wir wahrscheinlich von nun an immer dort. Und finden wir dann neben dem Gutschein für den nächsten Kauf auch noch einen zweiten für liebe Freunde, dann ist eine Weiterempfehlung so gut wie sicher.

In meinen Workshops lasse ich all dies von den Mitarbeitern selbst erarbeiten. Am Anfang steht meist – und das mag hier zunächst schockieren – die Frage: *„Was müssen wir tun, um ganz sicher all unsere Kunden zu vergraulen und damit so schnell wie möglich bankrott zu sein?"* Aus dem anschließenden Umkehrschluss ergeben sich die positiven Ideen fast wie von selbst – maßgeschneidert für das eigene Unternehmen. Und diese werden dann auch gerne umgesetzt, denn sie wurden nicht vom Chef aufdiktiert, sondern in Eigenregie entwickelt. Das Wollen erreichen Führungskräfte immer dann am besten, wenn die Mitarbeiter selbst sagen, sie könnten sich vorstellen, etwas in Zukunft so und so zu machen. Und Begeisterung für die Sache wird auf diesem Weg gleich mitgeliefert.

Der Begeisterungskanal

Allerdings: Ein Wermutstropfen bleibt. Was heute noch für Überraschungen sorgt, ist morgen schon ,basic', also ganz selbstverständlich und kaum noch der Rede wert. Weil sich der Kunde schnell an Begeisterungsfaktoren gewöhnt, werden seine Erwartungen und damit auch seine Anforderungen steigen. Deshalb muss ein Unternehmen bestrebt sein, Begeisterung zu ,tunen'. Hierzu begibt es sich mit dem Kunden gemeinsam in einen stetig ansteigenden mehr oder weniger steilen Begeisterungskanal. Innerhalb des Kanals werden immer wieder neue Begeisterungselemente geplant und umgesetzt. Unterhalb des Kanals wird es dem

Kunden schnell langweilig, darüber wird es dem Unternehmen zu teuer.

Neues heißt dabei nicht: Mehr vom Gleichen und damit teurer, sondern: Deutlich anders und damit nicht vergleichbar. Sichern Sie einen permanenten Ideenfluss durch regelmäßige Kreativsitzungen und sorgen Sie für die konsequente Umsetzung. Wie Sie mithilfe eines offensiven Ideenmanagements zu immer neuen Einfällen und auch zu Durchbruch-Innovationen kommen, habe ich in meinem Buch *Zukunftstrend Kundenloyalität* ausführlich beschrieben.

Begeisterung ,tunen' bedeutet auch, darauf zu achten, dass die Mitarbeiter in der Kundenansprache nicht überdrehen. Die richtige Dosierung macht's. Das heißt: nicht bemüht höflich und aufgesetzt freundlich wirken, sich nicht beim Kunden anbiedern und einschleimen, dem Kunden nichts aufzwingen. *„Und spürt man die Absicht, ist man verstimmt"*, hat schon Goethe gesagt. Was die richtige Dosierung ist? Das kommt auf den Kunden an. Wer als Kunde selbst begeisterungsfähig ist, lässt sich auch gerne mitreißen. Wer hingegen in seinen

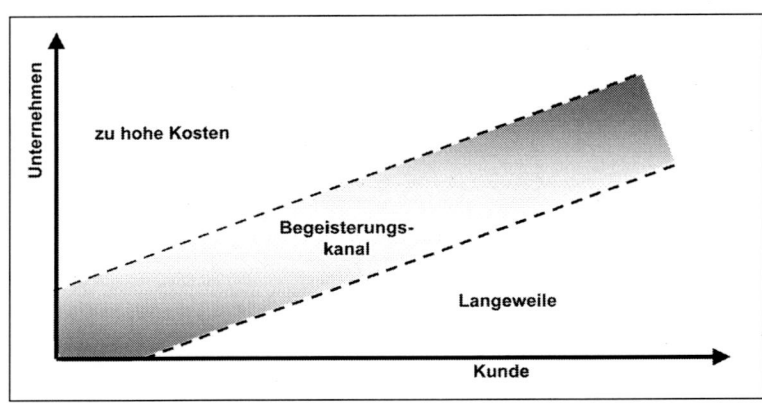

Abbildung 8:
Der Begeisterungskanalist ist je nach Kundentyp und Anlass mehr oder weniger steil.

Gefühlsausbrüchen äußerste Zurückhaltung übt, interpretiert jeden Anflug von Begeisterung schon als künstlich. Alles eine Frage der subjektiven Einstellung. Das ist wie mit der sogenannten amerikanischen Freundlichkeit, die wir Deutschen oft als ‚falsch' einstufen. Für US-Amerikaner ist sie völlig normal, weil selbstverständlich. Dort wird hingegen unsere aus amerikanischer Sicht eher spröde Art als verwunderlich empfunden.

6. Die richtigen Fragen stellen

Um das Empfehlungsgeschäft zu steuern, können wir an drei Stellen ansetzen. Wir können:

- die Empfehlung stimulieren,
- empfehlungsfokussierte Befragungen durchführen,
- die Empfehlungsrate ermitteln.

Hierdurch erzielen wir nicht nur die so sehr erwünschte Außenwirkung, also eine Vielzahl von Empfehlungen mit den dann unausbleiblichen Umsatzzuwächsen. Kunden-Empfehlungen wirken auch nach innen, weil sie uns helfen, unsere Produkte und Dienstleistungen ständig an den Wünschen des Marktes auszurichten und unaufhörlich die notwendigen Feinjustierungen vorzunehmen. Involvierte Kunden können uns also auf der Erfolgswelle immer weiter nach oben schaukeln.

Die Empfehlung stimulieren

Wie lässt sich der Empfehlungsvorgang tüchtig stimulieren? Indem Sie eine entsprechende Frage stellen – oder einen Empfehlungsappell senden! Auch wenn der Kunde noch so zufrieden ist, wird er nicht zwangsläufig daran denken, für Sie Mundpropaganda zu machen. Da heißt es, den Kunden ein wenig zu ‚impfen‘.

Auf einem Flug mit Air Berlin hörten die Reisenden den Purser Jan zum Abschied Folgendes sagen: *„Wenn Ihnen der Flug mit uns gefallen hat,*

dann empfehlen Sie uns bitte weiter. Und wenn es Ihnen bei uns nicht gefallen hat, dann sagen Sie bitte niemandem, dass Sie mit Air Berlin geflogen sind."

Was man ferner – schmunzelnd – sagen kann:

> „Ach übrigens, wenn Sie mit unseren Leistungen zufrieden sind, sagen Sie es doch bitte den anderen. Und falls Sie mal nicht so zufrieden sind, dann sagen Sie es bitte nur mir."

Man kann auch ein wenig braver nachhelfen, etwa mit der Frage: „Vielleicht kennen Sie ja jemanden, den Sie über unser Angebot gerne informieren möchten?" Besser noch: Versehen Sie Ihren Wunsch nach Adressen mit einer Begründung und stellen Sie eine offene Frage:

> „Ich möchte expandieren. Wen kennen Sie denn, der sich möglicherweise für unser Angebot ebenfalls interessierten könnte?"

Solche Fragen kann man sogar stellen, wenn kein Geschäft zustande kam, vorausgesetzt, dass das Gespräch auf einer guten Beziehungsebene verlief.

Möglichkeiten, sich gezielt ins Gespräch zu bringen, sodass daraus Empfehlungen entstehen, gibt es in allen Branchen reichlich. Zum Beispiel:

Der Kinderarzt ruft die Mutter an und fragt, ob die Kleine wieder ganz gesund ist. Über soviel Fürsorge wird beim Plausch mit der Nachbarin gerne berichtet. Oder: Ein Einrichtungshaus will wissen, wie man mit der maßgeschneiderten Einbauküche zurechtkommt. Und ob man ein weiteres Paar kenne, das sich neu einrichten möchte. Oder: Ein Reisebüro interessiert sich für die letzte Urlaubsreise, zu der es einen Geheimtipp beigesteuert hat. Fällt die Antwort positiv aus, erwähnt man, dass man sich über eine Empfehlung sehr freut.

Für Vertriebsmitarbeiter ist es ratsam, eine Reihe von Empfehlungsfragen vorzubereiten, damit man sich nicht im entscheidenden Moment verhaspelt. Diese werden immer dann gestellt, wenn das Gespräch in einem harmonischen Rahmen verlaufen ist. Fragen Sie beispielsweise,

- wer sich außerdem/stattdessen für das Angebot interessieren könnte,
- für wen im Unternehmen/im Bekanntenkreis die Sache noch in Frage kommt,
- ob es im gleichen Bürogebäude oder in dem Gewerbegebiet weitere Firmen gibt, für die das Angebot passen könnte,
- welche weiteren Interessenten sich der Kunde vorstellen könnte,
- wie der Kunde, wäre er an Ihrer Stelle, das Empfehlungsgeschäft entwickeln würde.

Stellen Sie dabei keine geschlossenen, sondern immer offene Fragen. Denn wenn das Verkaufsgespräch anstrengend war, ist die Gefahr groß, dass unser Hirn sich nach einer geschlossenen Frage („Kennen Sie eventuell noch jemanden, für den es interessant wäre, ein solches Gespräch zu füh-

ren?") mit einem ‚Nein' verabschiedet und damit in den Energie-Sparmodus herunterfährt. Eine offene Frage aktiviert das Hirn des Gegenübers und bringt es zum Nachdenken. Hier eine Formulierung, wie sie auch der Vertriebsexperte Klaus-J. Fink ganz ähnlich empfiehlt:

> „Inwiefern und für welche der Geschäftspartner, die Sie kennen, käme denn unser … außerdem noch in Frage? Käme da jemand aus Ihrer Branche oder eher jemand aus einer anderen Branche in Betracht?"

Wenn sich Ihr Gesprächspartner nun kooperativ zeigt, fragen Sie nach Details, die Ihnen beim weiteren Vorgehen nützlich sein können, etwa wie folgt: „Wenn Sie nun an meiner Stelle wären, was müsste ich bei der Kontaktaufnahme beziehungsweise beim ersten Gespräch beachten?" Haben Sie mehrere Adressen erhalten, fragen Sie beispielsweise: „Wen sollte ich aus Ihrer Sicht am ehesten kontaktieren und wann ist wohl der beste Anruf-Zeitpunkt?" Die Qualität der Empfehlung steigt mit jeder Zusatzinformation, die Sie nun erhalten.

Stellen Sie den Nutzen, den das Empfehlen Ihrer Sache für eine dritte Person haben könnte, in den Vordergrund. Das motiviert den Empfehlungsgeber, sich anzustrengen. Wer seinem Gesprächspartner vorjammert, dass er auf solche Adressen angewiesen ist und ohne fremde Hilfe bald am Hungertuch nagt, erntet höchstens Mitleid, aber keine Mundpropaganda. Mit Verlierern will niemand was zu tun haben.

In aller Regel aber helfen Menschen einander gerne: Wir wollen liebenswürdig wirken und fühlen uns gut dabei. Etliche geben Ratschläge, weil sie sich dabei wertvoll und wichtig vorkommen. Viele haben von Natur aus ein hohes Mitteilungsbedürfnis. Und manche können einfach nicht nein sagen, wenn man sie um einen Gefallen bittet. Vielleicht treibt uns auch das schlechte Gewissen – weil kein Abschluss zustande kam – nun wenigstens dazu, mit ein paar Adressen zu dienen.

Berücksichtigen Sie jedoch, dass es auch Menschen gibt, die grundsätzliche Vorbehalte haben, Hinweise oder Kontaktdaten weiterzugeben. Vielleicht hat Ihr Gesprächspartner schlechte Erfahrungen gemacht. Oder kennt jemanden, dem das passiert ist. Oder er möchte erst abwarten, ob Ihr Produkt hält, was Sie versprechen. Oder er erachtet Ihr Angebot nicht als empfehlenswert. Oder Sie sind ihm unsympathisch. Oder Sie haben einen kommunikativen Fehler begangen. Oder er möchte nicht, dass andere von dem Deal erfahren. Dieser Wunsch nach Diskretion ist besonders beim Kauf von Finanzdienstleistungen und Immobilien zu beobachten. In all diesen Fällen gilt: Bloß nicht drängen!

Empfehlungsfokussierte Kundenbefragungen

An Verbesserungsprozessen im Unternehmen kann der Kunde aktiv mitwirken und so zum Ideengeber, zum Innovationstreiber und zum kostenlosen Unternehmensberater werden. Durch regelmäßige Kundenbefragungen können Sie Wiederkäufer gewinnen, Kunden-Verluste verhindern, Optimie-rungschancen entdecken und das Empfehlungsgeschäft anstoßen. Für seine Mitarbeit hat der Befragte natürlich eine Aufmerksamkeit (zum Beispiel einen Gutschein) und vor allem Feedback (zum Beispiel einen Dankeschön-Brief mit Infos, was man nun tun wird) verdient.

Neben der Globalzufriedenheit und der Zufriedenheit mit einzelnen Bereichen gibt es viele weitere interessante Aspekte, die Sie in Zusammenhang mit Kundenzufriedenheitsbefragungen ermitteln können:

- Wo haben Sie früher gekauft und warum sind Sie dort weggegangen? (So erkennen Sie Ihre Wettbewerbsvorteile und machen nicht die Fehler der Konkurrenz.)
- Wie sind Sie auf uns aufmerksam geworden? (Gehen Sie öfter die meistgenannten Wege und legen Sie in Zukunft dort Ihre Marketinggelder an, das ist am effektivsten!)
- Wo kaufen Sie die gleiche Leistung außerdem? (Sie erfahren etwas über Ihre wahre Konkurrenz, das heißt, wo Ihre Kunden kaufen, wenn sie nicht bei Ihnen kaufen, und das ist vielleicht anderswo, als Sie denken.)
- Was würden Sie bei uns am ehesten verändern/verbessern? Welche gute Idee hätten Sie für uns? (So wird der Kunde zum – gegebenenfalls für seine Input bezahlten – Mitmach-Marketer.)
- Was gefällt Ihnen bei uns am besten? Oder alternativ: Worauf würden Sie am wenigsten gern verzichten? (So lassen sich kundenrelevante Prioritäten für die Angebotsentwicklung ableiten.)

▓ Welche Leistungen könnten wir noch anbieten? Und wären Sie bereit, dafür etwas zu bezahlen? (So wird Nützliches – und nicht Unnötiges – genannt.)

▓ Werden Sie unsere Leistungen/bei uns wieder kaufen?

▓ Inwieweit können Sie sich vorstellen, uns weiterzuempfehlen?

Um gute Ergebnisse zu erzielen, können verschiedene Methoden zur Anwendung kommen: strukturierte Fragebögen, mündliche oder schriftliche Kurzbefragungen, Online-Befragungen, Telefon-Interviews und Gruppen-Diskussionen. In jedem Fall müssen die Ergebnisse sorgfältig analysiert, bewertet, gewichtet und anschließend verständlich aufbereitet werden, damit sie allen Mitarbeitern mit Kundenkontakt bei ihrer Arbeit dienen können.

Die Low-Budget-Hotelmarke Etap, in Deutschland mit über 70 Hotels vertreten, baut schon allein aus Kostengründen (es gibt nur ein minimales Werbebudget) sehr stark auf die systematische Entwicklung des Empfehlungsgeschäfts. Der Fragebogen, den der Gast auf seinem Zimmer findet, enthält unter anderem die folgenden Fragen:

▓ Wie sind Sie auf uns aufmerksam geworden?

▓ Werden Sie uns wieder besuchen?

▓ Werden Sie uns weiterempfehlen?

Die Antworten auf die erste und dritte Frage entwickelten sich entsprechend Abbildung 9.

Beeindruckend ist hier übrigens die überaus hohe Zahl der Personen, die eine Weiterempfehlungsabsicht äußern. Denn es handelt sich bei Etap um Ein-Sterne-Hotels, also Low Budget. Was den Erfolg begründet: Die Serviceanteile sind zwar deutlich reduziert, was aber angeboten wird, das ist top. Und unschlagbar billig. Es ist das gleiche Prinzip, das Aldi so erfolgreich gemacht hat. Was ich noch verraten kann: Es wird eine Menge Geld verdient bei Etap, weit mehr als in der gehobenen Hotellerie.

Telefonische Kundenbefragungen

Wer seine Leistungen kontinuierlich verbessern will, benötigt ein zeitnahes und möglichst ehrliches Kundenfeedback. Zum Beispiel könnte ein Autohändler persönlich ein paar Tage nach dem Neuwagenkauf mit dem Kunden telefonieren und fragen, wie der Neue sich fährt. Oder die Werkstatt meldet sich nach der Inspektion und will wissen, ob alles

	Werde Etap weiterempfehlen:	Durch eine Empfehlung auf Etap aufmerksam geworden:
2002	92,0 %	16,9 %
2003	92,8 %	19,2 %
2004	88,9 %	18,3 %
2005	90,9 %	19,1 %
2006	89,4 %	22,4 %

Abbildung 9: Empfehlungsgeschäft bei der Hotelmarke Etap

rund läuft. Diese Art der Zuwendung hat einen individuellen Touch – und damit auch Empfehlungspotenzial. In aller Regel wird man hingegen heute von einem anonymen Callcenter angerufen – und empfindet sich als Teil einer Masse.

Nach der ersten großen Inspektion meines neuen Autos ging ein Callcenter Agent einmal mit mir telefonisch einen Fragebogen durch, um Kreuzchen zwischen sehr gut und mangelhaft zu verteilen. Ich war nicht sehr zufrieden gewesen. Als ich aber meinte, ein Kreuzchen bei ausreichend sage nichts Konkretes aus, viel interessanter sei doch wohl, weshalb meine Bewertung so schlecht ausfiel, damit man was daraus lernen könne, meinte der junge Mann: Für detaillierte Bemerkungen sei kein Platz, ich solle meine Meinung sagen, er würde die Kreuzchen dann sinngemäß machen. Ich habe das Gespräch daraufhin abgebrochen.

So wird der Befragte, der im Mittelpunkt der Betrachtung stehen sollte und wertvolle Impulse geben könnte, zum reinen Datenlieferanten degradiert. Es soll ja sogar vorkommen, dass Autohändler ihren Kunden ein kostenloses Extra anbieten, wenn die sich bei der telefonischen Zufriedenheitsbefragung positiv äußern. In einem Illustrierten-Bericht wurde ganz Deutschland darüber aufgeklärt, wie man beim Autokauf an weitere Vergünstigungen kommt.

Zitat aus dem Stern Nr. 26/2005: Wenn Sie zum Beispiel bei Ihrem VW-Partner alle anderen Rabatte für den Kauf eines neuen Golf schon durchgedrückt haben, setzen Sie sich hin, nehmen den Kugelschreiber zur Hand und sagen: "So richtig glücklich bin ich mit Ihnen nicht. Wenn VW mich

in ein paar Wochen anruft und nach meiner Zufriedenheit fragt, werde ich das leider sagen müssen." Dann stutzt Ihr Gegenüber. Und Sie legen nach: „Können wir uns den Herstellerbonus für die Kundenzufriedenheit nicht teilen? Sagen wir 100 Euro für mich – und ich lobe Sie bei der VW-Umfrage in den höchsten Tönen."

Bitteschön: Wem soll dies nutzen? Welche Aussagekraft haben solche Ergebnisse? Und was denkt sich der Kunde dabei? Ob er nach solchen Machenschaften den Händler oder die Marke wirklich noch weiterempfehlen kann?

Der NPS oder: Eine einzige Frage reicht?

Der amerikanische Loyalitätsexperte Frederick F. Reichheld kommt in einem Beitrag für den deutschen *Harvard Business Manager* vom März 2004 zu folgendem Schluss: Die im Rahmen einer dreijährigen Studie untersuchten Unternehmen mit der höchsten Zahl an positiven Empfehlern hatten gleichzeitig die höchsten Umsatzzuwächse. Eine der markantesten Erkenntnisse seiner Untersuchungen lautet: Unternehmen brauchen keine komplexen Kundenstudien, sondern am Ende nur ein, zwei Fragen, die kontinuierlich gestellt werden müssen. Als mit Abstand effektivste Frage schlägt er die folgende vor: *„Wie wahrscheinlich ist es, dass Sie Unternehmen X an einen Freund oder Kollegen weiterempfehlen werden?"*

Dazu führte er eine Skala von null bis zehn ein. Bei zehn war eine Empfehlung äußerst wahrscheinlich, bei fünf neutral und bei null unwahrscheinlich. Gemäß den Antworten teilte er die Kunden in Förderer (= Promoter), passiv Zufriedene und Kritiker (= Detractors) ein. Die Förderer, also absolut

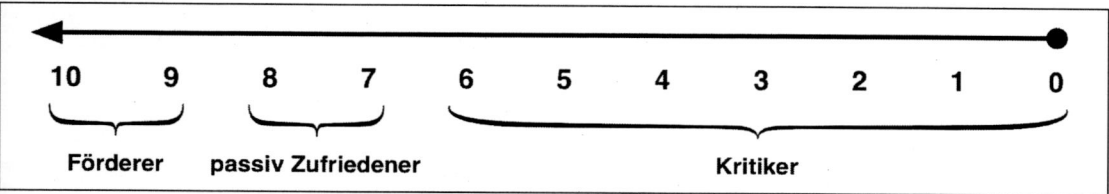

Abbildung 10: NPS-Skala für die Frage: *„Wie wahrscheinlich ist es, dass Sie Unternehmen X an einen Freund oder Kollegen weiterempfehlen werden?"*

begeisterte Kunden, gaben eine neun oder zehn. Die passiv Zufriedenen gaben eine sieben oder acht. Die Kritiker vergaben Noten von eins bis sechs. Indem er die Anzahl der Kritiker von der Anzahl der Förderer subtrahierte, errechnete er die effektiven Förderer in Prozent. Die so ermittelte Kennzahl nennt er Net Promoter Score (NPS). Unternehmen wie Amazon und Ebay erreichten in seinen Untersuchungen die besten Werte. Sie hatten zwischen 70 und 80 Prozent effektive Förderer. Das sind Traumzahlen! Wer wundert sich da noch über deren Erfolg?

Inzwischen arbeiten eine ganze Reihe von Versicherungsunternehmen, wie etwas die Allianz, aber auch Philips, Dell und General Electric mit dem NPS. Eine Untersuchung des Finanz-Marketing-Verbandes Österreich ergab einen durchschnittlichen NPS für Banken von +12,8 Prozent und einen durchschnittlichen NPS für Versicherungen von -3,0 Prozent. Insgesamt schnitten Banken in der Weiterempfehlungsbereitschaft also erkennbar besser ab als Versicherungen. Regional verankerte und damit auch kleinere und überschaubarere Banken beziehungsweise Versicherungen hatten bessere Werte als Großbanken sowie große überregionale Versicherungen. Die beste Bank hatte einen NPS von 32,4 Prozent, die beste Versicherung einen solchen von 14,6 Prozent. Und

eine NPS-Untersuchung der Rating-Agentur Assekurata ergab, das Lebensversicherer niedrigere Werte hatten als Sachversicherer. Dies führt Assekurata-Geschäftsführer Reiner Will darauf zurück, dass die Kontaktfrequenz bei Sachversicherungen höher sei als in der Sparte Leben. Regelmäßige Kundenkontakte fördern also die Empfehlungsbereitschaft.

In Zukunft könnten sich Unternehmen in vielen Fällen, so Frederick F. Reichheld, kosten- und zeitintensive Kundenzufriedenheitserhebungen sparen, denn schon allein die obige Frage, die er als ‚ultimative' Frage bezeichnet, sei, regelmäßig gestellt, Benchmark für den zukünftigen Erfolg. Als sicher gilt: Derjenige ist am erfolgreichsten, über den man am meisten positiv und am wenigsten negativ spricht. Im umgekehrten Fall dürfte die Zukunft nicht allzu rosig sein. Eine Studie unter US-amerikanischen Airlines ergab jedenfalls eindeutig, dass die beiden Airlines, nämlich Jet Blue und Southwest, die unter den Fluggästen die meisten ‚Promotoren' hatten, auch die profitabelsten waren.

Allerdings, so lautet mein Hinweis, misst der NPS nur die ‚Temperatur' der Empfehlungsbereitschaft. Die Gründe beziehungsweise Ursachen, die dazu führen, bleiben hingegen im Dunkeln, sodass sich daraus keinerlei unmittelbare Aktivitäten ableiten lassen. Ferner sagt das Kundtun der Bereitschaft, eine Empfehlung auszusprechen, noch nichts darüber aus, ob dies auch tatsächlich in die Tat umgesetzt wird.

Daher muss der Ansatz erweitert werden. Denn viel aussagefähiger als die Höhe des NPS und seine Veränderung im Zeitverlauf beziehungsweise seine Vergleichbarkeit zu anderen Anbietern ist der eigentliche Grund für die mögliche Empfehlung. Erst die Frage nach dem Weshalb eröffnet zusätzliche Lerngewinne beziehungsweise deckt konkreten Handlungsbedarf auf.

Hier ist also mein erweiterter Formulierungsvorschlag:

- Inwieweit können Sie sich vorstellen, uns weiterzuempfehlen?
- Und wenn vorstellbar, also wenn ja: Weshalb genau?
- Und wenn nein: Weshalb nicht?

Und gleich noch zwei Beispiele für empfehlungsfokussierte Fragen:

- Wenn es eine Sache gibt, für die Sie uns garantiert weiterempfehlen könnten, was wäre das für Sie?
- Und wenn es eine Sache gibt, für die Sie uns ganz sicher nicht weiterempfehlen können, was wäre das für Sie?

Analysieren Sie unbedingt auch einmal: Wie hoch ist die Abschlussquote bei empfohlenem Geschäft? Und bei nicht empfohlenem? Oder: Welche Empfehler sprechen die wirkungsvollsten Empfehlungen aus? Oder: Mit welcher Wahrscheinlichkeit werden Empfehlungsnehmer selbst wiederum zu Empfehlern?

Solches Vorgehen macht Sie schnell und flexibel. Auf Basis der Resultate lässt sich unverzüglich ein Sofort-Programm installieren, das Erfolgsparameter dupliziert, Schwachstellen beseitigt und die Empfehlungsraten steigert. Während man auf die Ergebnisse klassischer – und meist teurer – Kundenzufriedenheitsuntersuchungen oft wochenlang warten muss, können Sie nach solchen Echtzeit-Befragungen spontan reagieren und dem Kunden ein zeitnahes Feedback geben. Und, wenn nötig, rasch Veränderungen anstoßen. Denn Kunden sind heute ungeduldig. Sie werden jedenfalls nicht warten, bis die Unternehmen umständlich in die Gänge kommen. Die Karawane zieht dann einfach weiter.

Untersuchen Sie auch einmal, welche Kundenkreise und Branchen am stärksten empfehlen und ob es geschlechterspezifische oder regionale beziehungsweise nationale Unterschiede gibt. Das Ranking kann sehr aussagestark sein. Beispielsweise sind Frauen meist sehr viel eher bereit, Empfehlungen auszusprechen, wenn sie dies für gerechtfertigt halten. Denn Frauen bereden ständig miteinander, was man unbedingt mal ausprobieren muss und was man lieber lassen sollte. Sie sind allerdings auch anspruchsvoller. Wollen Sie also Frauen als Multiplikatoren gewinnen, heißt es, sich ganz besonders anzustrengen.

Übrigens: Wenn Frauen zu Ihrer Zielgruppe gehören, machen Sie auch mal Expertenrunden, Qualitätskreise oder eine Gruppendiskussion nur mit Frauen. Sie werden ganz andere Dinge erfahren, als wenn Männer mit am Tisch sitzen. In punkto Meinungsäußerung lassen Frauen gerne den Männern den Vortritt oder schließen sich deren Meinung an. Denn Frauen sind konsensbewusster und wehren sich eher schweigend. Oder aus dem Hinterhalt.

Die Empfehlungsrate ermitteln

Ja, es gibt sie. Hie und da treffe ich auf Firmen, die ihre Empfehlungsrate systematisch ermitteln. Aber das ist immer noch selten genug. Spannend und lehrreich ist auch stets der Empfehlungshergang, so wie er sich im Einzelnen abgespielt hat. Hier noch einmal, damit Sie nicht zurückblättern müssen, die drei wichtigsten Fragen in diesem Zusammenhang:

- Wie sind Sie eigentlich auf uns aufmerksam geworden?
- Und jetzt interessiert mich mal: Was hat denn der Empfehler genau über uns/unser Produkt/unseren Service gesagt?
- Und jetzt bin ich ganz neugierig: Wer war das denn, der uns empfohlen hat?

Durch die erste Frage lässt sich ermitteln, wie viel Prozent Ihrer neuen Kunden aufgrund einer Empfehlung kamen: Das ist Ihre Empfehlungsrate. Die Antwort auf diese Frage zeigt im Übrigen auch, wofür Sie in Zukunft Ihr Werbebudget ausgeben

sollten. Werden beispielsweise so gut wie nie Ihre Mailings oder Anzeigen erwähnt, sind dort Ihre Gelder fehlinvestiert.

Über die zweite Frage gibt Ihnen der Kunde Hinweise darauf, in welche Richtung Sie sich und Ihre Angebotspalette weiterentwickeln sollten. Denn nicht, worauf Sie so ganz besonders stolz sind und auch nicht, was das Controlling als schnelle Umsatzbringer ermittelt hat, sondern einzig und allein, was die Kunden über Ihre Performance empfehlend sagen, entscheidet über Ihre Zukunft im Markt.

Auf Basis der so erhaltenen Informationen lassen sich dann verschiedene Details analysieren, um Ihre empfehlungsfokussierten Aktivitäten zielführend zu gestalten und im Rahmen eines Kennzahlensystems sichtbar zu machen.

Hier nun einige gelungene Beispiele:

Auf ein Küchenstudio in Ottobrunn bei München bin ich aufmerksam geworden, weil mir bei einem Kunden der Espresso so gut schmeckte. Er kaufte seinen Kaffee dort. Wenig später habe ich dann da vorbeigeschaut. Die Verkäuferin war genauso, wie ich mir das wünsche: Sie war da, ohne zu drängen. „Hallo!", sagte sie, „Wie schön, dass Sie vorbeikommen." Kein heruntergeleiertes ‚Kann ich Ihnen helfen', kein Mir-hinterher-Gelaufe, kein Lauern im Hinterhalt. Als ich sie mit meinen Blicken suchte, kam sie lächelnd auf mich zu. Es begann sofort ein angenehmes Gespräch, und sehr bald fragte sie, wie ich auf das Geschäft aufmerksam geworden sei. Sie erinnerte sich sofort an den Kunden und erzählte mir, dass er einer ihrer eifrigsten Empfehler sei. Sie hatte auch ihre Empfehlungsrate im Kopf: Es waren 80 Prozent. Empfehlungsnehmer kamen nicht nur aus dem Münchner Raum, sondern aus ganz Deutschland zu ihr. Das Geschäft liegt in der Nähe der Autobahn nach Salzburg, und wer mit dem Auto in den Süden fährt, kommt quasi dort vorbei. Außerdem macht sie regelmäßige Kochevents mit angesagten Köchen. Man kocht und isst direkt in der Ausstellung. Der Unkostenbeitrag beträgt 89 Euro. Die Mundpropaganda dazu ist enorm, es gibt eine lange Warteliste. Ein Kilometer weiter hatte gerade ein Ikea aufgemacht. Ob ihr dies Angst mache, wollte ich wissen. „Ganz im Gegenteil", meinte sie, „das bringt uns zusätzlich Geschäft, denn was wir machen, ist anders. Das kann man bei Ikea nicht kaufen." Ihr Name: Susanne Rinn-Legat.

87,66 Prozent! Das rief mir eine Frau zu, als ich während eines Vortrags meine Zuhörer, alles gestandene Unternehmer, fragte, wie hoch denn ihre Empfehlungsrate sei. Ich halte viele Vorträge und stelle diese Frage oft, aber spontan eine so exakte Zahl hatte ich noch nie bekommen. Frau Beu, die Inhaberin des EURO Sprachen-Instituts in Ingolstadt erzählte mir später, dass sie für Berufstätige eine Mondschein-Schule aufgemacht hat, bei der die Teilnehmer im Feng Shui Garten des Instituts in lauen Nächten unter freiem Himmel fremdsprachlich parlieren können: Lustwandelnd mit einen Gratis-Cocktail in der Hand. Kein Wunder, dass das Empfehlungsgeschäft brummt.

Ein Augenarzt aus München, Dr. Gerold Fiedler, meldete sich bei mir, nachdem er eines meiner Bücher gelesen hatte. Er ist Spezialist für Laser-Chirurgie. „Bei unseren Patienten spielt die Angst um das Augenlicht immer mit, auch wenn das – vor allem von Männern – eher selten offen ausgesprochen wird. Kommerzielle Werbung kommt für uns nicht in Frage, sie ist viel zu schrill. Deshalb sind Empfehlungen für uns besonders wichtig. Zumal die meisten Patienten die Operation aus der eigenen Tasche bezahlen." Er selbst fragt jeden seiner Patienten im Beratungsgespräch vor dem Eingriff, wie er auf ihn aufmerksam wurde. Seine Ergebnisse: 37 Prozent durch Empfehlung von bereits behandelten Patienten, 31 Prozent durch die Zuweisung anderer Ärzte, 13 Prozent durch Presse und Mitwirkung in TV-Beiträgen, 11 Prozent über Info-Abende und Vorträge sowie 8 Prozent durch das Internet.

Die ultimative Frage

Die ultimative Frage? Für mich ist es die Frage nach der Empfehlungsrate. Doch nur 22 Prozent aller Unternehmen messen diese regelmäßig. Bei den weniger erfolgreichen Unternehmen tun dies sogar nur 16 Prozent. Dies ist das Ergebnis einer telefonischen Befragung unter 300 Führungskräften der deutschen Wirtschaft im Rahmen des *Excellence Barometers 2007*.

7. Schritt für Schritt: Ihr Fahrplan in eine empfehlungsstarke Unternehmenszukunft

Ein systematisch entwickeltes Empfehlungsmarketing kann Sie nicht nur von hohen Werbebudgets erlösen, sondern auch Ihre Vertriebsaktivitäten kräftig unterstützen, vielleicht den klassischen Vertrieb in Zukunft sogar teilweise ersetzen.

Bevor es jedoch so richtig losgeht mit dem eigenen Empfehlungskonzept: Werden Sie zunächst selbst als Empfehler aktiv. Suchen Sie nach empfehlenswerten Leistungen in Ihrem Umfeld und beginnen Sie, Empfehlungen auszusprechen. So erfahren Sie am ehesten, wie man sich als Empfehler fühlt und wie das Empfehlen auf Ihr Umfeld

wirkt. Bringen Sie ferner in Erfahrung, was Ihre Gesprächspartner bei den empfohlenen Unternehmen erlebt haben. Sind Ihre Empfehlungen gut, wird man Sie zukünftig als qualifizierten Ratgeber schätzen und auf Ihr Urteil Wert legen. Ferner erarbeiten Sie sich so schnell ein Netzwerk Gleichgesinnter, von dem Sie weiter profitieren können. Denn eine Hand wäscht die andere.

Danach beginnen Sie mit der Planung und Implementierung Ihres Empfehlungsmarketings in den folgenden vier Schritten:

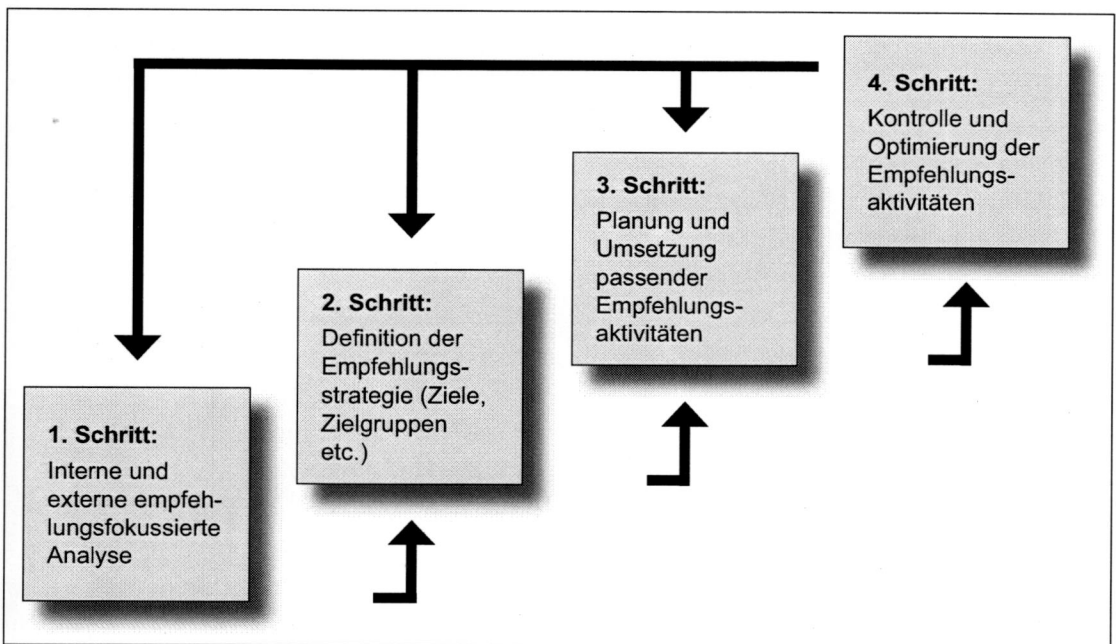

Abbildung 11: Der Managementprozess des strategischen Empfehlungsmarketing. Die Ergebnisse der Kontrolle im vierten Schritt führen zu Optimierungsaktivitäten in den vorangegangenen Schritten.

Wer hoch hinaus will, braucht ein solides Fundament. Auch wenn es Sie also noch so sehr juckt, gleich in die Umsetzung zu gehen: Beginnen Sie mit der empfehlungsfokussierten Analyse. Zweck dieses ersten Schrittes ist es, sein Umfeld und das eigene Unternehmen nach Empfehlungspotenzial abzuklopfen. Der nächste große Block in diesem Prozess ist die Empfehlungsstrategie, die auf Basis der Analyse entwickelt wird. Sie umfasst die Ziele, die angesteuert werden sollen, und das Ermitteln der Zielpersonen, die uns auf dem Weg dahin helfen können. Die dann folgende, gemeinsam mit den Mitarbeitern zu erstellende Maßnahmenplanung legt schriftlich fest, was genau wie und von wem bis wann mit wie viel Budget unternommen wird, um die anvisierten Ziele zu erreichen. Die anschließende Kontrolle misst die Ergebnisse und läutet eine Optimierungsrunde ein.

Schritt 1: Die Analyse

Denken Sie – am besten schriftlich – zunächst darüber nach, was bei Ihnen beziehungsweise Ihrem Unternehmen begeisternd, begehrenswert und damit empfehlenswert ist:

- Ihre empfehlenswerten Produkte,
- Ihre empfehlenswerten Dienstleistungen,
- Ihre empfehlenswerten Fachkräfte,
- Ihr empfehlenswertes Know-how,
- Ihr empfehlenswerter Erfahrungsschatz,
- Ihre empfehlenswerten Beziehungen,
- Sie als empfehlenswerte Persönlichkeit.

Solange Sie selbst noch keine Klarheit darüber haben, was bei Ihnen einzigartig ist, was Sie so ganz anders tun als die anderen, was Sie bemerkenswert macht, welche Ihrer Leistungen man unbedingt haben muss, welches Produkt eine außergewöhnliche Geschichte hergibt, solange wird auch niemand im Markt über Sie sprechen.

Am besten befragen Sie hierzu einmal Ihre Stammkunden. Die können Ihnen ganz sicher sagen, warum sie immer wieder gerne bei Ihnen kaufen, und liefern Ihnen damit die empfehlenswerten Argumente frei Haus. Nicht das, was Sie so toll an sich finden, sondern allein das, was Ihre Stammkunden für besonders liebens-, lobens- und empfehlenswert halten, das gehört in Ihre Verkaufsgespräche, in Ihre Prospekte und ins Internet!

Analysieren Sie auch, welche Ihrer Leistungen am stärksten weiterempfohlen werden. Konzentrieren Sie sich in Zukunft vor allem auf diese. Das potenziert Ihren Erfolg. Suchen Sie ferner nach konkreten Empfehlungschancen, indem Sie beispielsweise fragen:

- Wo stecken bei uns Empfehlungschancen vor dem Verkaufsprozess?
- Wo stecken Empfehlungschancen während des Verkaufsprozesses?
- Wo stecken Empfehlungschancen nach dem Verkauf, also während der Auftragsabwicklung, bei der Auslieferung, im After-Sales-Service?

Als Nächstes überlegen Sie, am besten wiederum schriftlich, welche Tugenden Sie beziehungsweise Ihre Angebote und deren Kommunikation benötigen, um empfehlungswürdig zu sein und woran Ihre Zielpersonen erkennen, dass Sie diese Tugenden (als Mensch und Unternehmen) besitzen:

- Ehrlichkeit
- Zuverlässigkeit
- Fairness
- Offenheit
- Integrität
- Charisma
- Optimismus

Wir haben ja bereits mehrfach gesehen, dass gerade die emotionalen Faktoren im Empfehlungsmarketing eine überaus wichtige Rolle spielen. Wen wir für kompetent und gleichzeitig für ehrlich, zuverlässig, vertrauenswürdig, sympathisch und charismatisch halten, den empfehlen wir gerne weiter. Und haben ein gutes Gefühl dabei.

Wenn Sie bereits Empfehlungen bekommen: Analysieren Sie deren Qualität! Schauen Sie genau: Was wird im Einzelnen weiterempfohlen? Das Schnäppchen? Ihr größter Verlustbringer? Oder Ihr Spitzenprodukt? Die Zusammenarbeit mit einem bestimmten Verkäufer? Ein einzelner Servicebereich? Wer im Kundendienst und wer nicht? Und ist das, was weiterempfohlen wird, auch das, was Sie wollen, weil es unternehmerisch sinnvoll ist? Zeigen Ihnen die Kunden durch ihre Empfehlungen, in welche Richtung Sie Ihr Unternehmen weiterentwickeln können?

Ermitteln Sie, wenn schon möglich, auch Ihre Empfehlungsrate (siehe *Kapitel 6*).

Schritt 2: Die Strategie

Definieren Sie nun Ihre Empfehlungsziele – und zwar schriftlich. Diese können beispielsweise in folgende Richtung gehen:

- die Empfehlungsrate bis zum … von x auf y erhöhen,
- von der Hälfte aller bestehenden Kunden bis zum … mindestens eine qualifizierte Empfehlung erhalten,
- bis zum … durch entsprechende Fragen die drei wichtigsten Empfehlungsgründe ermitteln,
- bis zum … mindestens fünf Referenzkunden gewinnen,
- ab dem … jeden Monat ein Thema forcieren, das geeignet ist, positive Mundpropaganda auszulösen.

Danach erstellen Sie eine Liste, auf der steht, wohin Sie in Zukunft verstärkt empfohlen werden möchten:

- in welche Länder, Regionen beziehungsweise Bereiche,
- in welche Branchen,
- in welche Unternehmen beziehungsweise in welche weiteren Unternehmensbereiche,
- in welche Netzwerke,
- bei welchen Zielgruppen,
- bei welchen Pressevertretern,
- bei welchen Meinungsführern und Multiplikatoren.

Nun benötigen Sie eine Auflistung all derer, die Ihnen beim Auslösen von Mundpropaganda und Empfehlungen helfen können. Sie ist der Ausgangspunkt für alle weiteren Aktivitäten. Das gezielte Ansteuern eines ersten Kreises von Kontaktpersonen, bei denen eine Botschaft zwecks Weiterleitung platziert werden soll, wird übrigens im viralen Marketing ‚seeding‘, also aussähen genannt.

Fragen Sie beim Erstellen Ihrer Liste nicht nur: Wen kenne ich? Fragen Sie auch einmal andersherum: Wer kennt mich? Denken Sie dabei auch an Kontakte von früher, also an Schul- und Studienfreunde beziehungsweise an Kollegen ehemalige Arbeitgeber. Das Internet vereinfacht die Suche erheblich. Grundsätzlich gibt es fünf verschiedene Kreise, in denen Sie Kontakte finden und festigen können, um neue Kunden auf sich aufmerksam zu machen und durch Flüsterpropaganda zu gewinnen:

- das private Umfeld, also Familie, Freunde und Bekannte,
- das berufliche Umfeld, also Kunden, Lieferanten, Partner, Investoren,
- die Nachbarschaft und die lokale/regionale Öffentlichkeit,
- Menschen, mit denen Sie gemeinsame Interessen teilen (bei der Ausübung von Hobbys, in Berufs-Verbänden, Cliquen, Business-Clubs und Vereinen),
- online-basierte Netzwerke.

Netzwerke sind mehr oder weniger unsichtbare Beziehungsgeflechte und müssen daher zunächst sichtbar gemacht werden. Ich habe schon Verkäufer erlebt, die dies in ihrem Wohnzimmer auf dem Fußboden taten oder Networking-Landkarten an die Wand hängten. Dazu haben sie die Namen aller Personen, die ihnen einfielen, auf Kärtchen geschrieben, diese ausgelegt und – je nach Intensität der gepflegten Beziehung – durch verschieden farbige und unterschiedlich dicke Fäden miteinander verbunden. Auf solche Weise lassen sich starke und schwache Netzwerke optisch sichtbar machen und Super-Netzwerker über Knotenpunkte identifizieren.

In der Folge können Aktivitäten dann beispielsweise gezielt auf starke Netzwerke und Super-Netzwerker ausgerichtet werden, denn dort finden Botschaften mehr Glaubwürdigkeit beziehungsweise werden schneller und intensiver verbreitet. Gerade das reale Visualisieren kann dabei zu außerordentlich wertvollen zusätzlichen Erkenntnissen führen. Und zu Fragezeichen, die auf Antwort warten. Wie dem auch sei: Die gefundenen Kontakte sind zu sortieren, zu priorisieren und sinnvollen Kategorien zuzuordnen. Dies alles lässt sich dann in einer Datenbank speichern. Eine gute Datenbank ist übrigens das A und O jedes Networking – und im Empfehlungsmarketing äußerst hilfreich.

Zum Networker werden

Im Geschäftsleben setzen sich Empfehlungs-Netzwerke immer mehr durch. Dazu gehört die Fähigkeit, Beziehungen herzustellen und nicht konkurrenziell, sondern synergetisch zu nutzen. Unterstütze andere, erfolgreich zu sein, und du wirst selber erfolgreich dabei, so heißt das Prinzip. *„Fragen Sie sich, wie Sie anderen helfen können"*, schreibt Netzwerkprofi Keith Ferrazzi in seinem Bestseller *Never eat alone*. Durchforsten Sie Ihr Adressbuch, wenn Kollegen einen Job suchen. Stellen Sie Menschen einander vor, die voneinander profitieren können. Geben Sie gute Tipps großzügig weiter. Und gehen Sie nie allein zum Essen.

Immer stärker findet Networking auch im Internet statt. Die Web-2.0-Welt steht für Vernetzung, Partizipation und Experimentierfreude. So kommt auf leisen Sohlen ein Paradigmenwechsel daher, der das wirtschaftliche Miteinander radikal verändern wird: Kooperation statt Konfrontation heißt die Richtung. Gemeinsames Siegen ist oft viel wirkungsvoller als kräfteraubendes ‚Be-siegen' (Schlachtfeld der Wirtschaft!). So schmieden ehemalige Wettbewerber Allianzen und beginnen zusammenzuarbeiten, anstatt sich bis aufs Messer zu bekämpfen. Dabei steigert sich die Marktmacht jedes Einzelnen. Dienstleister komplettieren ihr Angebot mit dem von Spezialisten, auch über das eigentliche Fachgebiet hinaus. Gemeinsam nutzt man dann alle Beziehungsnetze als Empfehlungsplattform. Gönner setzen ihre Macht und ihren Einfluss ein, um Türen zu öffnen. Geschäftsfreunde geben einander gute Tipps, wo man wie bei wem ins Geschäft kommen kann. Man empfiehlt sich wechselseitig weiter und nutzt die jeweiligen Netzwerke des anderen.

So hat der Malermeister Volker Geyer aus dem kleinen Städtchen Büdingen in Oberhessen ein internetbasiertes Empfehlungsnetzwerk mit dem Namen APERTO entwickelt. Zielgruppengleich gelagerte Firmen aus den Bereichen Handwerk, Wohnen und Einrichten empfehlen sich gegenseitig bei ihren Kunden weiter – und dies mit System. Sehr schnell hat sich eine große Zahl teils sehr exklusiver Firmen dieser Idee angeschlossen. Das Empfehlungsvolumen bei APERTO belief sich

nach den ersten sechs Monaten bereits auf etwa 50.000 Euro pro Monat. Ziel ist es, insgesamt 100 geeignete Firmen auf diese Art und Weise zu vernetzen. „Netzwerke funktionieren nur dann", so Volker Geyer, „wenn die darin agierenden Menschen die notwendige Integrität mitbringen. Das war in den Neunzigern noch nicht so, heute ist die Zeit reifer dafür. In Zukunft werden Erfolge ohne sinnvolle, funktionierende Vernetzung und Empfehlungsmarketing nur sehr schwer, wenn überhaupt zu realisieren sein."

Genauso sehen das auch die Networking-Experten. Netzwerke und Kooperationen geben gerade den flexibel und wendig agierenden kleinen und mittelständischen Unternehmen Vorsprünge gegenüber den behäbigen Big Playern im Markt. *„Das Prinzip der Vernetzung erweist sich – wo es denn bereits funktioniert – um so viel leistungsfähiger als die alten Strukturen, dass letztere auf die Dauer keine Chance mehr haben, dagegen zu bestehen"*, so der verstorbene Netzwerk- und Synergieforscher Peter Molzberger, und weiter: *„In gut funktionierenden Netzwerken können so gewaltige Synergieeffekte auftreten, dass das Wort ‚Wunder' oftmals durchaus angemessen erscheint."*

Aber Achtung: Kooperationsungeeignete Netzwerkpartner können auch sehr schnell ‚negative Wunder' verursachen. Denn jede Beziehung schafft Abhängigkeiten. Prüfen Sie also sorgfältig, mit wem Sie ins Networking-Boot steigen wollen. Denn das positive oder negative Verhalten und der gute oder schlechte Ruf Ihrer Partner fallen immer auch auf Sie zurück. Im Idealfall stärken sich beide Seiten. Gehen Sie dabei in Vorlage: Seien Sie selbst integer. Sprechen Sie Probleme oder etwaige Kritikpunkte mit dem betroffenen Partner persönlich durch – und nicht bei anderen an. Wieso muss man andere abwerten und schlecht machen? Um vermeintlich selber besser dazustehen? Weil man glaubt, sich selber zu erhöhen, indem man andere erniedrigt?

Auch auf der Kundenseite erlangt das Networking eine immer größere Bedeutung. So fand das Marktforschungsinstitut Forum! aus Mainz im Rahmen seiner ExBa-Studie 2006 heraus, dass im BtoB-Geschäft Netzwerke und Empfehlungen die weitaus wichtigsten Informationsquellen bei der Wahl eines neuen Lieferanten beziehungsweise Anbieters sind. Die von den Unternehmen gesteuerten Kommunikationsformen wie Werbung und Messestände waren hingegen von untergeordneter Bedeutung. Die 400 befragten Manager entschieden sich so (Mehrfach-Nennungen möglich):

Anteil	Informationsquellen
53 %	persönliche Kontakte/Netzwerke
38 %	Empfehlungen von Kollegen
30 %	Fachzeitschriften
27 %	Messen
25 %	Werbung
21 %	Direktmarketing
8 %	Ausschreibungen

Bei den erfolgreichen Unternehmen erreichten die beiden ersten Nennungen übrigens höhere Werte als bei den weniger erfolgreichen. So spielte das Networking bei der Wahl eines neuen Lieferanten beziehungsweise Anbieters für die erfolgreichen

zu 56 Prozent, für die weniger erfolgreichen hingegen nur zu 48 Prozent eine Rolle.

Nach passenden Kooperationspartnern suchen

Wer das Wirtschaftsleben aufmerksam beobachtet, findet heute eine Fülle von Kooperationen, die alle einem Ziel dienen: den jeweils anderen als Sprungbrett für seine eigenen Pläne zu nutzen – und das auf Gegenseitigkeit. Auf Hotelzimmern liegen kostenlose Produktproben aus, in Bonusprogrammen kann man Punkte gegen hochwertige Sachprämien einlösen, attraktive Preise dienen als Köder für die Teilnahme an Umfragen und Gewinnspielen, Markenartikler erstellen Exklusives für andere Marken (,Mandarina Duck for MINI'), Airlines empfehlen Mietwagenpartner – und umgekehrt.

Auch in der Online-Welt funktionieren solche Kooperationen gut. Wer etwa seinen Newsletter-Verteiler wirksam und rechtskonform aufstocken will, kann den Weg der Co-Registrierung nutzen. Dabei werden Abonnenten dort angeworben, wo sie sich ohnehin gerade für einen Webdienst eintragen. Beispielsweise wurden bei Anmeldung auf der Partnerseite handy.de dem Interessenten weitere Angebote und Newsletter empfohlen. So berichtet der Online-Anbieter discount24.de, mit einem 5-Euro-Gutschein als Lockvogel durch Co-Registrierung über 150.000 neue Leser für seinen Schnäppchen-Newsletter gewonnen zu haben.

Von solchen Cross-Marketing-Aktivitäten profitieren beide Parteien immer dann, wenn sie gut zueinander passen, fair miteinander umgehen, ähnliche Zielgruppen bedienen und ein wechselseitig positiver Image-Transfer gewährleistet ist. „Wenn meine Lieblingsmarke eine andere, nämlich die Marke xx empfiehlt, kann ich vertrauensvoll zugreifen", denkt der geneigte Verbraucher und kauft. Um also das Vertrauen seiner Kunden nicht zu zerstören, kommen als Kooperationspartner nur Spitzenleister beziehungsweise Experten in Frage. Am besten solche, die Ihnen empfohlen wurden.

Das Franchise-System ‚Holz die Sonne ins Haus' aus Österreich nimmt beispielsweise nur solche neuen Franchisepartner ins System auf, die von bestehenden Franchisenehmern empfohlen wurden. So ist unter anderem sichergestellt, dass Franchisepartner in angrenzenden Gebieten sich nicht bis aufs Messer bekriegen, sondern vielmehr im beiderseitigen Interesse prima miteinander kooperieren.

Und wie können Sie passende Kooperationspartner finden? Oder die Meinung Dritter zu einem Kooperationspartner erfahren, den Sie schon im Auge haben? Indem Sie beispielsweise Ihre Kunden fragen. Und das geht so: „Lieber Kunde, wir wollen expandieren und denken dabei auch an eine Kooperation. Wenn Sie an meiner Stelle wären und sich für einen Networking-Partner entscheiden müssten, an wen würden Sie dann denken? … Und aus welchen Gründen denken Sie gerade an ihn? … Kennen Sie auch …? Und was halten Sie von ihm? … Danke, das bringt mich weiter."

Sie können auch einmal testen, wie attraktiv Sie selbst als Kooperationspartner sind. Besser fragen Sie Ihre Kunden dazu aber nicht selbst, wie es manche vorschlagen. Schon allein die Höflichkeit bringt viele Menschen dazu, einem anderen von

Angesicht zu Angesicht nicht die ganze Wahrheit zu sagen. Schicken Sie jemanden los, der die obigen Fragen sachkundig stellt, und Sie erfahren die pure Wahrheit.

Effiziente Multiplikatoren finden

Die Suche nach passenden Multiplikatoren spielt im Empfehlungsmarketing eine herausragende Rolle. Lockere Bekanntschaften können dabei oft mehr nützen als gute Freunde. Denn mit guten Freunden zusammen bewegen Sie sich immer in den gleichen Kreisen, rühren also in der gleichen Suppe. Berufliche und private Bekannte hingegen haben oft den Fuß in einer anderen ‚Welt', haben dort viele Kontakte, kennen sich dort aus und können eine Tür dorthin aufstoßen. So dienen sie als Link zu bislang noch nicht verbundenen Beziehungsnetzen.

In den späten Sechzigern führte der amerikanische Psychologe Stanley Milgram sein berühmtes Small-World-Experiment durch, das herausfinden sollte, über wie viele Ecken die Menschen miteinander verbunden sind. Dazu benutzte er das Prinzip des Kettenbriefs. Er sandte an 160 Menschen in Omaha, Nebraska ein Schreiben mit dem Namen eines Börsenmaklers aus Boston. Jeder Adressat sollte dieses Schreiben an jemanden schicken, von dem er glaubte, er könnte dem Börsenmakler nahe sein. Jeder Empfänger sollte das gleiche tun, und alle sollten ferner ihren Namen auf dem Umschlag hinterlassen. So konnte Milgram den Weg der Briefe zurückverfolgen. Er fand heraus, dass die Mehrzahl der Briefe den Börsenmakler über fünf oder sechs Schritte erreichte. So entstand die Theorie von den ‚Six Handshakes'. Ein Aspekt war bei diesem Experiment besonders interessant: Die Hälfte der Briefe, die den Börsenmakler erreichten, wurden ihm von lediglich drei Kontaktpersonen übermittelt.

Das bedeutet, dass eine sehr kleine Anzahl von besonders kontaktstarken Menschen mit allen anderen über ein paar Schritte verbunden ist, und der Rest von uns ist über diese mit der ganzen Welt verbunden. Im Empfehlungsmarketing sind also manche Kunden und Kontakte nützlicher als andere. So gilt es beispielsweise, in Ihrem Umfeld die beziehungsstarken Networker aufzuspüren. Und zwar genau solche, die Kontakte oder Kunden haben, an denen Sie interessiert sind. Und die sich für Ihre Sache ins Zeug legen. Solche Leute gibt es reichlich da draußen, man muss sie nur finden. Fragen Sie sich dabei in etwa Folgendes:

- Wer in meinem Umfeld redet gern – über sich und andere?
- Auf wen in meinem Umfeld hören andere, weil deren Meinung zählt?
- Wer ist gut vernetzt und kennt viele Leute?

Durchforsten Sie auf diese Weise Ihre Adressdateien oder erkundigen Sie sich in Ihrer Umgebung: *„Wen kennst du, der jede Menge Leute kennt und zu der Zielgruppe gute Kontakte pflegt?"*, oder: *„Wen würden Sie in Sachen ... als maßgeblichen Experten am ehesten zu Rate ziehen?"* Im Jugendmarketing fragt man beispielsweise so: *„Wer ist der absolut coolste Typ, den du kennst?"*

Ausgeprägte Networker finden Sie beispielsweise bei sogenannten Business-Frühstücken, die von Organisationen wie BNI (Business Networking International) und Business Plus durchgeführt

werden. Recherchieren Sie auch im Internet, vor allem auf den einschlägigen Business-Network-Portalen und in der Blogging-Szene. Nehmen Sie dort mit vielversprechenden Ansprechpartnern, die Sie noch nicht persönlich kennen, zunächst Kontakt auf und kreieren Sie eine Vertrauensbasis, bevor Sie um etwas bitten. So erstellen Sie Schritt für Schritt eine hilfreiche Liste von potenziellen Multiplikatoren. Es ist eine Kombination aus energiegeladener Neugier, aus gesundem Selbstvertrauen und dem Bedürfnis nach Anerkennung oder Geselligkeit, die Menschen treibt, sich in ihrem Umfeld für andere zu engagieren. Wir können dabei zwei Typen unterscheiden:

Der Mittelsmann: Er ist an Menschen interessiert, kennt Gott und die Welt und liebt die Abwechslung. Daher ist er nicht nur in einem festgesteckten Umfeld unterwegs, sondern hat Kontakte zu ganz unterschiedlichen Kreisen und kann sie alle zusammenführen. Empfehlenswerte Produkte können so schnell verbreitet werden und gleichzeitig in verschiedenen ‚Szenen' Fuß fassen. Man trifft auf sie plötzlich von allen Seiten. Mittelsmänner erzielen somit ‚Breite' und zählen eher zu den Mundpropagandisten.

Der Fachmann: Er ist an Informationen interessiert. Er hat Detailwissen auf determinierten Fachgebieten und berät andere gern. In seinem Umfeld wird er als Experte geschätzt. Was von ihm für gut befunden wird, hat Hand und Fuß. Sein Einfluss ist daher hoch. Man folgt seinen spezifischen Hinweisen blind. Experten erzielen somit ‚Tiefe' und können in ihrem jeweiligen Fachgebiet als effiziente Empfehler fungieren. Die so lancierten Produkte haben eine hohe Durchschlagskraft.

Sie haben solche Personen in Ihrem Umfeld gefunden? Was sind Sie bereit und in der Lage, ihnen für ihre Kontakte zu geben? Ihre eigenen Kontakte? Ihr Netzwerk-Know-how? Aufmerksamkeit und Anerkennung? Beginnen Sie mit dem Geben! Eine fruchtbare Zusammenarbeit kann sich nur dann entwickeln, wenn Geben und Nehmen im Einklang sind – und jeder der Partner ein gutes Gefühl dabei hat. „Der hat noch was gut bei mir", heißt es dann und wir ruhen nicht eher, bis wir wieder quitt sind. In jemandes Schuld zu stehen, ist vielen fast unerträglich.

Beste Grundlage für gute, lang andauernde Beziehungen sind gegenseitiges Vertrauen und beruflicher Nutzen. Nur wenn alle Beteiligten einen Nutzen haben, der sich die Waage hält, wird eine Beziehung fruchtbar sein und längerfristig funktionieren. Kippt die Waage zu der einen oder anderen Seite, sind Frust und Ärger und damit irgendwann auch das Ende der Beziehung vorprogrammiert. Die beteiligten Parteien müssen also Sorge tragen, dass die Waage im Gleichgewicht ist, sodass alle Gewinner sind. Das nennt sich dann Win-Win-Strategie.

Schauen Sie sich bei der Suche nach passenden Empfehlern vor allem auch nach Menschen um, die Ihnen ähnlich sind und die sie/Sie mögen. Ähnlichkeit schafft Sympathie – und gegenseitige Sympathie ist eine gute Basis fürs Empfehlungsgeschäft. Stellen Sie etwa folgende Fragen:

▨ Welche Kunden sind uns die angenehmsten/ wichtigsten/liebsten?

▨ Was steht über sie in der Datenbank? Welche emotionalen Details haben wir über sie gespeichert?

▨ Wie können wir ihnen Aufmerksamkeit und Wertschätzung entgegenbringen?

Danach begeben Sie sich auf die Suche nach Menschen, die Ihnen beziehungsweise Ihren Angeboten offensichtlich zugeneigt sind. Befragen Sie dazu einmal Ihren Bekannten- oder Kundenkreis: „Wer redet besonders gut über mich/uns?" Einfach und schnell fündig wird man durch eine Suche über die gängigen Suchmaschinen im Internet oder indem man einen ‚Google Alert' aktiviert. Ein Google Alert ist ein kostenfreier Service von Google, der Sie per E-Mail informiert, wenn Ihr Name im Internet verwendet wird.

> **Tipp:** Erfassen Sie mit Google Alert, was Kunden über Sie denken.
>
> Gehen Sie hierzu auf http://www.google.de/alerts/create?hl=de und folgen Sie den weiteren Hinweisen.

Sie wollen Ihren Kundenstamm einmal ganz systematisch nach Empfehlungspotenzial abklopfen? Die defacto.research, ein Marketing- und Marktforschungsspezialist aus Erlangen, bietet dazu seit Kurzem ein entsprechendes Tool an. Auf Basis von Telefon- beziehungsweise Online-Umfragen lassen sich damit die lukrativsten Meinungsführer und Multiplikatoren eines Unternehmens identifizieren und ganz gezielt ansprechen. Gemessen wird unter anderem die Größe des sozialen Netzwerkes sowie der Grad der Meinungsführerschaft. Dieser orientiert sich an meinungsführertypischen Eigenschaften wie hohes Involvement, offensives Innovations- und Risikoverhalten, ausgeprägtes themenspezifisches Interesse und überdurchschnittliche Kommunikationsbereitschaft. Als dritte zentrale Einflussgröße des individuellen Empfehlungspotenzials kommt die Kundenzufriedenheit ins Spiel, wobei das Tool auch die nachweisbare positive beziehungsweise negative Empfehlungsdynamik der Extrempole Kundenbegeisterung und Kundenenttäuschung berücksichtigt. Beispielsweise konnte ein namhafter deutscher Finanzdienstleister mit diesem Marketing-Tool seine Neukunden-Quote um fast 20 Prozent-Punkte steigern.

Nachdem Sie Ihren Kundenstamm nach *potenziellen* Empfehlern analysiert haben, durchforsten Sie Ihre Datenbank auf der Suche nach *realen* Empfehlern, also Kunden, die Sie bereits empfohlen haben. Die Chancen stehen gut, dass sie zum ‚Wiederholungstäter' werden. Pflegen Sie Empfehler und Stammkunden besonders gut, denn das sind genau die Kunden, die Ihre Konkurrenz am liebsten hätte. Am wenigsten wertvoll sind all die Kunden, die sich weder zu einem Wiederkauf noch zu einer Empfehlung entschließen können, all die Illoyalen also, die heute hier und morgen dort unterwegs sind. Überlassen Sie solche ‚Schmetterlinge' der Konkurrenz, das wird sie weiter schwächen.

Multiplikatoren und Meinungsführer nutzen

Haben Sie Journalisten, Trendsetter und Meinungsführer eigens gelistet? Sie sind im Empfehlungsmarketing besonders wertvoll, denn sie kennen eine Menge Leute und haben Einfluss. Menschen folgen (manchmal geradezu blind) dem Vorbild, der Meinung und dem Verhalten von ‚Alpha-Tieren'. Es ist nun mal naheliegend, auf die Ratschläge von Menschen zu hören, wenn die breite Öffentlichkeit eine gute Meinung von ihnen hat. Erstellen Sie eine Liste solcher Personen, mit allen Infos, die Sie über diese haben beziehungsweise beschaffen können, und speichern Sie das in Ihrer Datenbank.

Dabei geht es vor allem um Menschen, die im Rampenlicht stehen, die hohes Ansehen genießen, die einen Expertenstatus besitzen oder ein prominentes Amt bekleiden: Eliten, Autoritäten, Funktionäre, Mentoren, Unternehmer-Persönlichkeiten, Stars und Sternchen aus dem Show-Business und den Medien, bekannte Sportler, Vordenker, Führernaturen, Entscheider und Macher. Solche Menschen können die öffentliche Meinung stark prägen und Marken schnell zu Kultstatus verhelfen. Sie haben demnach einen hohen Empfehlungswert. Das ist manchmal so lukrativ, dass dafür richtig viel Geld bezahlt wird. Doch nicht immer muss man tief in die Tasche greifen, um Prominente zu öffentlichen Empfehlern zu machen. Ist Ihr Produkt brandneu, exklusiv, frech oder cool? Kann Ihre Zielperson sich damit schmücken und so in die Schlagzeilen kommen? Dann suchen sie – gegebenenfalls mithilfe einer darauf spezialisierten Agentur – den Kontakt! Die weißen Stöpsel des iPod wurden zuerst in den Ohren von Stars gesichtet. Es geht aber auch anders, wie folgende Geschichte zeigt:

Über Pflaums Posthotel in Pegnitz (PPP), das besonders zu Zeiten der Bayreuther Wagner-Festspiele eine beliebte Anlaufadresse ist, kursieren skurrile Geschichten. Einmal kam J. Paul Getty aus Los Angeles ohne Gepäck im PPP an. Es war irgendwo in Paris hängen geblieben. Kein Problem für Andreas Pflaum (Jahrgang 1940), den Besitzer. Er sucht seinen alten Konfirmationsanzug, der wird frisch aufgebügelt und passt wie angegossen – der Abend im Opernhaus ist gerettet. Getty gab dem rührigen Hotelier dafür eine Lebensweisheit für finanzielle Dinge mit auf den Weg: „Lieber Herr Pflaum, machen Sie sich keine Sorgen, man hat nie genug Geld, um seine Träume zu realisieren", und bedankte sich mit lukrativer Mundpropaganda. Die Reichen und Berühmten reißen sich darum, im PPP zu nächtigen.

Nicht nur Reiche und Mächtige, auch Sekretärinnen, Taxifahrer, Barkeeper und Friseure können als Multiplikatoren fungieren. Gehen Sie einfach auf die Suche nach Menschen, die genau die Kontakte haben, die Sie brauchen. Verkäufer, Frauen, Jugendliche, Kinder und gesellige ältere Leute unterhalten meist besonders viele Verbindungen und reden gerne. Sie sind als Multiplikatoren geradezu prädestiniert.

Und bei all dem bitte nicht vergessen, zunächst die notwendige Basis aufzubauen. Sie heißt, wie wir schon sahen: Vertrauen und Begeisterung für Spitzenleistungen – von Spitzenleistern gemacht. Ohne dieses Fundament ist der Empfehlungserfolg nicht zu schaffen.

Schritt 3: Maßnahmenplanung und Umsetzung

Nun erstellen Sie – unbedingt in schriftlicher Form – einen konkreten Plan, mit wessen Hilfe und auf welche Weise Sie Mundpropaganda und Emp-

fehlungen anstoßen und systematisch auf- beziehungsweise ausbauen können. Die Methoden sind vielfältig und branchenspezifisch. In den nächsten Kapiteln finden Sie hierzu eine Fülle von Anregungen. Suchen Sie sich die Praktiken aus, die gut zu Ihrer Arbeit und zu Ihren Kunden passen und mit denen Sie sich außerdem leicht identifizieren können, damit Sie authentisch und glaubwürdig wirken.

Schritt 4: Kontrolle und Optimierung

Im vierten Schritt ist schließlich zu kontrollieren, ob die durchgeführten Aktionen den gewünschten Erfolg erzielt haben. Die Optimierung setzt je nach Ergebnis an einem der vorherigen Schritte an. Verwenden Sie als Messinstrument vor allem die Frage, die Sie inzwischen schon kennen: „Wie sind Sie eigentlich auf uns aufmerksam geworden?" Ermitteln Sie dann die jeweils entstandenen Kosten, Umsätze und Erträge, die Ihnen auf den genannten Wegen zugeflossen sind.

Eine verursachungsgenaue Zuordnung ist nicht immer ganz einfach, da gerade im Zusammenhang mit Empfehlungen eine ganze Reihe verschiedener Einflussfaktoren wirken können. So kommen beispielsweise in klassischen Kundenwert-Berechnungen die Werte aus Empfehlungen gar nicht vor, aber nur deshalb, weil sie sich nicht sauber rechnen lassen. Und schlimmer noch: Das ganze Thema Mundpropaganda fällt oft unter den Tisch, weil es sich scheinbar in Excel-Tabellen, in Kuchendiagrammen und coolen Powerpoints nicht griffig darstellen lässt. Oder weil es nicht glamourös genug daherkommt. Oder zu emotionsgeladen ist für die unterkühlte Managerwelt. Oder weil es zu lange dauert, bis konkrete Ergebnisse auf dem Tisch liegen.

Ganz klar: Empfehlungsmarketing ist eine Sache für Menschenversteher – und nicht für Kostenrechner. Aber heißt es nicht: *„Nur was man messen kann, kann man auch steuern?"* Stimmt, doch diese viel zitierte Managerweisheit hat auch ihre Tücken. Sie bringt die kennzahlenfixierte Führungsspitze dazu, zu viel zu kontrollieren – und dann womöglich auch noch das falsche. *„Jeder will den längsten Balken haben"*, schreibt sinnigerweise Bernd Röthlingshöfer in seinem Buch Marketeasing.

Zahlenhörigkeit führt dazu, nur noch das zu tun, was sich messen lässt. Betrachtet man beispielsweise die inzwischen massenhaft produzierten ‚Virals', also Werbefilmchen fürs Internet, so drängt sich einem die Vermutung auf, dass das beworbene Produkt beziehungsweise die zur Marke passende Botschaft kaum eine Rolle spielt. Hauptsache, das Viral wird kräftig angeklickt, oft kommentiert und tausendfach weitergemailt. Trash für Quote – was soll das bringen?

Die Zahlenmanie ist allgegenwärtig: Statt sich um Empfehlungen zu kümmern, werden die Hits auf der Webseite gezählt. Bei sündhaft teuren Anzeigenkampagnen freut man sich wie ein Schneekönig, wenn die Werbeerinnerung weit über dem Durchschnitt liegt oder der Bekanntheitsgrad um sagenhafte x Punkte gestiegen ist. Und ehrlich gesagt: Beim Fotoshooting in der Karibik dabei gewesen zu sein war gar nicht so schlecht. Weil

aber der Umsatz nicht kommt, wird schnell noch ein Massenmailing nachgelegt, das fremden Leuten den Briefkasten verstopft. Werber sind überglücklich, wenn ihr Mailing knapp zwei Prozent Response bringt. Wer fragt da noch nach den 98 Prozent, denen man mit genau diesem Mailing die Zeit gestohlen hat?

Im Vertrieb werden die Anrufe gezählt und die Indizes formiert, die zu einem Termin führen sollen. Dann wird die Abschlussrate ermittelt und die maximale Stornoquote festgelegt. Der frischgebackene Kunde aber, der sich gerade mit seinem Verkäufer anzufreunden beginnt, wird in ein externes Callcenter abgeschoben, wobei man den Agents vorschreibt, wie lange sie mit ihm reden dürfen. Bei den Banken werden die Kunden von Automaten abgefangen, noch bevor sie den Schalterraum betreten. Im Handel verbringen sie ihre wertvolle Zeit mit der Suche nach einem bedienungsfähigen Mitarbeiter – die meisten sind mit Räumarbeiten beschäftigt und haben keine Ahnung.

Es ist schon paradox: Unternehmen geben sich oft so unglaublich viel Mühe, um nach neuen Kunden zu jagen. Doch kaum sind sie endlich eingefangen, wird an allen Ecken und Enden gespart: Mitarbeiter werden nicht trainiert, es sind zu wenige da, sie haben keine Lust – oder Frust. Sie werden schlecht geführt, sie haben keine Ressourcen, keinen Spielraum und keine Ideen, um Kunden zu begeistern und schließlich zu loyalisieren. Die Kunden sollen sich einfügen und parieren. Diese allerdings fühlen sich vernachlässigt, gelangweilt, falsch verstanden, von oben herab behandelt, schikaniert – und schließlich vertrieben. Wie viel Umsatz und wie viele Empfehlungs-Chancen man hierdurch verliert, das sollte mal gemessen werden!

Im Übrigen lernen die Management-Eliten gerade, dass ihnen in Hinblick auf Marken und Kunden die Kontrolle zunehmend entgleitet. Das Image der Unternehmen wird immer mehr von den Medien gesteuert. Und um das Image der unternehmerischen Angebote kümmern sich heute die ‚Peer-Groups‘, also Gleichgesinnte, die sich über alle Kanäle hinweg intensiv austauschen. Dabei werden sie sogar – ob die Unternehmen wollen oder nicht – zu aktiven Mitgestaltern von Markeninhalten. Wer da heil und unbeschadet herauskommen will, hat nur drei Möglichkeiten: Eine Top-Performance abliefern, moralisch sauber sein und in einen offenen Dialog treten. Denn in der global vernetzten Welt kommt – früher oder später – alles raus. Die Lügenbarone sterben langsam aus.

Ein paar Kennzahlen müssen natürlich sein, es geht ja ums Controlling, also ums Steuern und nicht ums Kontrollieren. Was einen Empfehlungsmarketer neben Umsatz und Ertrag vor allem interessiert:

- Warum werden wir gekauft – oder auch nicht?
- Was wird über uns erzählt – oder auch nicht?
- Warum werden wir weiterempfohlen – oder auch nicht?

Um das herauszubekommen, wird er die in Kapitel 6 schon vorgeschlagenen fokussierenden Fragen stellen. Sie eignen sich vor allem immer dann, wenn wenig Zeit für ein ausführliches Gespräch ist – und wer hat heute noch Zeit? Sie machen schnell und flexibel. Sie helfen, geradewegs den Kern der Sache zu treffen, um danach prompt reagieren zu können. Mithilfe fokussierender Fragen werden Ihnen die erfolgskritischen Kundenwünsche auf dem Silbertablett serviert. Sie sparen eine Menge Geld für klassische Marktforschung und vermeiden Fehlentscheidungen am grünen Tisch.

8. Aktionsprogramme für wertvolles Empfehlungsgeschäft

Im Empfehlungsmarketing unterscheiden wir zwischen starken und schwachen Empfehlungen:

Die schwache Empfehlung: Bei der schwachen Empfehlung erhalten Sie Hinweise und Namen, übernehmen das Kontaktieren jedoch selbst, indem sie sich auf den Empfehlungsgeber berufen dürfen – oder auch nicht. Wenn Sie seinen Namen nennen dürfen, erwähnen Sie den Empfehler im Gespräch mit dem potenziellen Kunden möglichst mehrmals – und sprechen Sie immer wertschätzend über ihn. Wenn Ihr Empfehlungsgeber dagegen nicht will, dass sein Name genannt wird, halten Sie sich unbedingt daran. Alles andere käme einem Vertrauensmissbrauch gleich. Verzichten Sie notfalls auf den Termin und das Geschäft. Das bestehende Kundenverhältnis geht vor.

Die starke Empfehlung: Bei der starken Empfehlung kontaktiert der Empfehler die Zielperson von sich aus und schafft die Brücke zu Ihnen. Diese Art der Empfehlung ist weitaus ergiebiger und sollte daher, wenn irgend möglich, angesteuert werden. So kann es beispielsweise gelingen, firmeninterne Mundpropaganda auszulösen, um damit tief in das Kunden-Unternehmen einzudringen und in bislang unerreichte Abteilungen vorzustoßen. Dabei können über viele Jahre Anschluss-Aufträge und neue Projekte generiert werden. In dem so ausschreibungsintensiven Investitionsgüterbereich kann eine qualifizierte Empfehlung sogar für Geschäfte sorgen, an die man sonst niemals herangekommen wäre. Und das verhindert eine Menge Papierkram.

Wichtig bei all dem: Vermeiden Sie Druck! Wer sich unter Druck gesetzt fühlt, beginnt schnell zu mauern. Sog ist besser als Druck. Der Kunde muss Ihr Produkt unbedingt empfehlen *wollen*. Ihr Angebot muss ihn so elektrisieren, dass er ohne Ihr Zutun aktiv wird. Dann kommen, dank seiner Hilfe, die kaufkräftigen Kunden aus seinem Umfeld von ganz alleine.

Die Methode, von der ich also dringend abrate, ist die so lästige wie knallharte Empfehlungsfrage mancher Versicherungsvertreter und Finanzdienstleister im Anschluss an den Abschluss. Sie lautet in etwa wie folgt: *„Können Sie mir nun noch fünf Personen aus Ihrem Umfeld nennen, die die gleiche Leistung ebenfalls benötigen?"* Mit miesen Tricks und Bauernschläue, manchmal sogar mit geradezu erpresserischer Finesse werden dem armen Kunden dann weitere Details abgerungen. Dieses Vorgehen stammt aus der Zeit des Druckverkaufs, die leider immer noch nicht überall vorbei zu sein scheint. Viele gutgläubige Menschen haben mit dem Preisgeben von Adressen aus ihrem ‚OTS-Umfeld' (Onkel, Tante, Schwiegermutter) äußerst schlechte Erfahrungen gemacht. Freundschaften sind zerbrochen, weil ein dahergelaufener Finanzjongleur sich selbst sanierte und seine Kunden geprellt und verarmt zurückgelassen hat. Das ist verbrannte Erde in Sachen Empfehlungsmarketing.

Glauben Sie bitte auch nicht an all die plumpen, kleinen, fiesen, manipulativen Tricks, die sich in schlechten Verkaufsbüchern zum Thema Empfehlungsfrage selbst heute noch finden. Sie hören sich schwarz auf weiß vielleicht gar nicht so übel an. Doch im wahren Leben funktionieren sie nicht, denn Menschen lassen sich nicht gerne manipulieren. Beispiel gefällig? Die vier Gefallensfragen, und das geht so: „Lieber Kunde, wie hat Ihnen mein Angebot gefallen? Und was hat Ihnen daran besonders gefallen? Glauben Sie, dass das, was Ihnen gefallen hat, auch anderen gefallen könnte? Wem könnte es denn noch gefallen?" Vielleicht kommen dabei sogar ein paar Namen heraus, aber später dann wird der Kunde bemerken, wie er Ihnen auf den Leim gegangen ist. Und das wurmt einen halbwegs intelligenten Menschen mächtig. Also wird er sich irgendwann irgendwie rächen – um wieder quitt zu sein. Denn wir lassen uns nicht gerne überrumpeln und für dumm verkaufen. Man kann das so viel eleganter machen!

Ein Spitzen-Vermögensberater erzählte mir einmal, dass er etwa 70 Prozent seines Geschäfts durch Empfehlungen generiert, die fast wie von alleine kommen. Die besten Empfehlungsgeber waren die Kunden, die mehrere Anlagen bei ihm abgeschlossen hatten, also die Produktpalette selbst gut kannten und ihn als Profi betrachteten. Solche guten Kunden zogen neue gute Kunden nach, die leicht zu überzeugen und leicht zu pflegen waren. Bei jeder Empfehlung versuchte er, deren genauen Hergang zu rekonstruieren, um diesen in Zukunft zu wiederholen und dadurch noch effizienter zu arbeiten. Empfehlungsgeber erhielten immer, oft zu ihrer größten Überraschung, da nicht angekündigt, einen Dankeschön-Einkaufsgutschein über 50 Euro. Logisch: Davon wollten einige Kunden mehr.

Ins Gespräch kommen

Wer bei potenziellen Kunden im Gespräch sein will, beginne selbst mit dem ersten Schritt. Bringen Sie gezielt **Unterhaltungen** in Gang, die Ihnen empfehlungsrelevante Details verschaffen. Sprechen Sie mit Menschen über Menschen. Achten Sie auf Informationen, die Empfehlungschancen beinhalten. Bleiben Sie auf Veranstaltungen, Kongressen und Messen nicht bei den Leuten stehen, die Sie schon kennen. Machen Sie es sich zum Prinzip, dort höchstens zehn Minuten mit den gleichen Personen zu plaudern.

Und: Legen Sie sich eine pfiffige, einprägsame Vorstellung zurecht, damit man sich schnell an Sie erinnert – und über Sie spricht. Ein würdiger Professor stellte sich mir einmal wie folgt vor: „*Mein Name ist ... und ich bin Gehirnforscher. Das heißt, ich habe die Gebrauchsanweisung für Ihr Oberstübchen.*" Der Mann wusste: Etwas von sich preiszugeben und sich interessant zu machen, ist der Knackpunkt, um interessant für andere Menschen zu werden. Nur wer Eindruck gemacht hat, weil er etwas ganz Besonderes ist oder hat oder kann und demnach in guter Erinnerung bleibt, wird weiterempfohlen.

Nehmen Sie viele **Einladungen** an. Zeigen Sie sich in der Öffentlichkeit, gehen Sie auf lokale Feste, engagieren Sie sich in Vereinen oder wohltätigen Einrichtungen. Klinken Sie sich in Netzwerke ein. Recherchieren Sie im Internet. Auf diese Weise erhalten Sie ganz beiläufig wertvolle Informationen, neue Kontakte und Zugang zu möglichen Interessenten. Und weil Sie überall präsent sind, wird auch über Sie gesprochen. Empfehlungen sind Vertrauenssache. Und Vertrautheit festigt Vertrauen.

Mit diesem Wissen bauen Sie sich eine **Empfehlungsdatenbank** auf. Sie enthält nicht nur die Daten und Fakten, die zu den einzelnen Empfehlungsgebern und -nehmern gehören, sondern auch die so wichtigen emotionalen Details. Gerade das Wissen um kleine Schrullen, geliebte Hobbys und die familiären Besonderheiten sorgt manchmal für den entscheidenden Anknüpfungspunkt. Eine solche Datenbank stellt die komplette Historie all Ihrer Empfehlungsaktivitäten dar und knüpft Verbindungen zu den einzelnen Vorgängen.

Legen Sie sich auch **Empfehlungsgeschichten** zurecht, die Sie im Kundengespräch unterbringen können. Die wirkungsvollsten Geschichten sind wahre Geschichten über den erfolgreichen Einsatz Ihrer Leistungen. Sie schlagen Empfehlungsschreiben um Längen. Erzählen Sie beispielsweise von einem Kunden, der durch Ihr Produkt einen neuen Markt erobert hat und so sein Glück machte. Schildern Sie in allen Facetten, wie sich das im Einzelnen zugetragen hat. Erzählen Sie von seinen Zweifeln am Anfang, von seinem Abwägen, auch von den ersten Hindernissen und schließlich vom Durchbruch. Und erwähnen Sie dann beiläufig, dass dieser Kunde durch eine Empfehlung auf Sie aufmerksam wurde. Mehr über das Geschichten-Erzählen finden Sie in Kapitel 12.

Oder: Verknüpfen Sie etwas Exklusives mit einem kleinen Geheimnis. **Geheimnisse** werden bekanntlich sofort weitererzählt. Erfinden Sie ein Codewort, das den Weg zu einem Rabatt, zu einem Sonderangebot oder zu einer besonderen Serviceleistung freimacht und erläutern Sie, warum nur die ausgewählte Zielgruppe dieses Codewort erhält (Geburtstag, Stammkunde, Teilnehmer an einem Event …). Man wird Ihr Codewort an gute Freunde verraten und an Dritte weitergeben? Genau das ist der erwünschte Effekt! Klar, Sie werden ein paar Prozente dafür hergeben müssen, nur bedenken Sie: Klassische Neukundenwerbung ist viel teurer.

Vor allem aber: Tun Sie Dinge, die überraschend, einzigartig anders, faszinierend, spektakulär und in Ihrer Branche noch nie dagewesen sind. Sorgen Sie dabei vor allem für emotionale ‚Berührungen‘. Und tun Sie viel davon, denn man wird Sie munter kopieren. Eine geniale Idee, die unauslöschlich mit Ihrem Namen verbunden ist, hält vielleicht ewig. Meistens ist es allerdings eine Summe von Kleinigkeiten, die Sie bemerkenswert und schließlich empfehlungswürdig macht. ‚**Pieces of conversation**‘ nennen das die Amerikaner. *„Wir liefern unseren Kunden in kleinen Stückchen Konversationsmaterial, das sie in die Gespräche im Bekanntenkreis einfließen lassen können“*, sagt Klaus Kobjoll. So hängt abends am Restaurant-Ausgang seines Hotels Schindlerhof eine Liste mit den Radarfallen im Umkreis von 30 Kilometern. Und das ist nur ein Detail von vielen.

Zum ‚Talk of the town‘ werden

Zum **Stadtgespräch** wird man etwa durch eine verrückte Aktion auf der Straße, die von Zeitungsreportern oder Fernsehkameras eingefangen werden kann. Hierbei spricht man oft von Guerilla-Marketing, über das Sie weiter hinten noch lesen werden. Vielleicht gelingt Ihnen auch eine Aktion im Internet, die die Gemüter erhitzt. Originelle Ideen verbreiten sich online in Sekundenschnelle. Dem Web als neuer und überaus mächtiger Empfehlungsmaschine ist deshalb das ganze Kapitel 9 gewidmet.

Halten Sie, nachdem Sie sich mit dem Thema Rhetorik und Präsentationstechniken intensiv auseinandergesetzt haben, **Fachvorträge** über Ihr Wissensgebiet. Veranstalten Sie dazu offene Info-Abende. Oder nehmen Sie Kontakt mit IHKs, Kongressveranstaltern, Verbänden, Wirtschafts- und Marketingclubs auf. Sie alle sind ständig auf der Suche nach guten Referenten mit spannenden Themen. Konnten Sie beeindrucken, sorgt dies für reichlich Gesprächsstoff im Umfeld der Zuhörer – und damit auch für Weiterempfehlungen.

Wenn Sie eine **Kundenveranstaltung** planen: Bitten Sie jeden Ihrer Kunden, eine interessierte Person mitzubringen, die noch nicht Kunde ist. Laden Sie auch Multiplikatoren ein. So können begeisterte Kunden mit Interessenten über erfolgreich abgewickelte Projekte plaudern und Sie (hoffentlich) in den höchsten Tönen loben. Dies verschafft Ihnen Bekanntheit und Sympathie, eine breitere Öffentlichkeit und sicher neues Geschäft. Die Nienstädter Steuerberater-Sozietät Hitzemann & Kretschmer, auf deren Schaumburger Unternehmertag ich einen Impulsvortrag hielt, bekam auf diese Weise gleich sechs neue Mandanten.

Wenn Sie ein **Event** planen, sollte dies ein Erlebnis sein, das Ihre Kunden für Geld so nicht kaufen können, das in seiner Art ungewöhnlich und einzigartig ist. Es muss natürlich zum Unternehmen und seinen Leistungen passen und in die allgemeine Kommunikationsstrategie eingebunden werden. Und schließlich: Ein Event sollte alle Sinne ansprechen, mit Emotionen spielen und die Teilnehmer zum Mitmachen animieren. Mittendrin statt nur dabei, so lautet die Devise.

Ich erinnere mich noch wie heute an eine Aufführung von Don Giovanni im Garten eines Prager Herrenhauses. Die Bühne war wie ein Laufsteg in X-Form angelegt und ging quer durch die Zuschauerreihen. Das Beste aber: Der Don Giovanni flirtete mit allen Frauen im Publikum. War das erotisch!

Noch wirkungsvoller ist, wenn Sie den Anwesenden eine **Bühne** für Ihre eigene Selbstdarstellung geben. Natürlich nicht, indem einzelne Beteiligte ,vorgeführt' werden, sondern indem diese ganz groß herauskommen. Also: Nicht das neue Auto, um dass Sie eine Absperrung bauen, ist der Star, sondern die Kunden sind es, die selbst überlegen sollen, was sie darin, darauf und darunter so alles anstellen können. Und überlegen Sie gleich mit, wie sich das für die Beteiligten, Ihre Webseite und die Blogging-Szene am wirkungsvollsten dokumentieren lässt. Sammeln Sie während der Veranstaltung gezielt Adressen und Visitenkarte für das unmittelbare Follow-up. Finden Sie einen Aufhänger, um sich noch mal ins Gespräch zu bringen: durch einen Presseartikel, eine witzige Zusammenfassung der Ereignisse, digitalisierte Fotos, ein Audio- oder Video-Podcast, das Manuskript des Starredners usw. Sammeln Sie positive Statements zum Ereignis und kommunizieren Sie diese umfassend. Nützen Sie systematisch sämtliche Verkaufs- und Empfehlungs-Chancen, die sich bieten.

Events, über die jeder spricht, sind übrigens nicht nur etwas für die ganz Großen mit den dicken Budgets, sondern auch mit kleinem Geldbeutel machbar. Phantasie, Engagement und Herz sind gefragt, um aus der Masse der Veranstaltungen herauszustechen und von sich reden zu machen.

So organisierte beispielsweise das Reisebüro Frundsberg Reisen aus Mindelheim im Rahmen des Stadtfestes der Nachbarstadt Bad Wörishofen ein Badeenten-Rennen, um dort Präsenz zu zeigen, positiv ins Gespräch zu kommen und Umsatzsteigerungen bei Familienreisen zu generieren. Vier Wochen vor der Veranstaltung begann der Badeenten-Verkauf. Hierzu wurde im Schaufenster des Reisebüros ein Planschbecken aufgestellt. Die Enten zum Stückpreis von zwei Euro wurden nummeriert und in eine Startliste eingetragen. Jeder Kindergarten erhielt fünf Enten kostenlos. Am Veranstaltungstag wurden vor Ort jede Menge weiterer Enten verkauft. Insgesamt achthundert Enten wurden dann mit großem Spektakel am Startpunkt gemeinsam in den Stadtbach geworfen, der quer durch das Städtchen führt. Der Besitzer der schnellsten Badeente gewann einen schönen Reisepreis. Weitere Gewinner erhielten Sachpreise. Ein Teil der Erlöse wurde dem örtlichen Kindergarten gespendet. Die Aktion erzeugte einen gehörigen Presserummel und war Stadtgespräch, vor allem unter den Familien mit Kindern.

Und was können Sie anstellen, um zum Stadtgespräch, zum ‚Talk of the town' zu werden?

Schriftliche Verstärker

Arbeiten Sie beispielsweise mit gedruckten **Empfehlungskarten**. Eine solche Karte nehmen Sie mit zum Termin. Darauf notieren Sie, wie die Empfehlung zustande kam, die Sie gerade bearbeiten. Ergänzen Sie diese Information durch die Kontakte davor (sofern keine datenschutzrechtlichen Gründe dagegen sprechen). Viele Kunden interessieren sich für solche Empfehlungsschlangen, entdecken vielleicht ein paar Menschen, die sie über drei Ecken kennen, und sind nun eher bereit, dieses Spiel fortzuführen.

Viele Verkäufer-Profis legen, nachdem sie zu Beginn eines Verkaufsgesprächs ihre **Visitenkarte** überreicht haben, am Ende des Gesprächs immer eine zweite hin. Sie schreiben einen kleinen persönlichen Gruß darauf und bitten den Gesprächspartner, diese bei Gelegenheit an eine interessierte Person zu übergeben. Manchmal telefonieren sie sogar hinterher und fragen, ob sie noch weitere Visitenkarten schicken sollen. Dabei kann man auch anbieten, bei etwaigen Interessenten selbst einmal ‚anzuklopfen'.

Apropos Visitenkarten: Tragen Sie immer ausreichend viele bei sich. In jeder Jackentasche, in jedem Portemonnaie und in jedem Verkaufskoffer sollten immer welche sein. Banal? Dann hören Sie sich mal die Ausreden all derer an, die ihre Visitenkarten ständig vergessen, wenn sie unterwegs sind. Fragen Sie auf Veranstaltungen Ihre Gesprächspartner aktiv nach der Visitenkarte, bieten Sie dazu immer zuerst Ihre eigene an. Wenn Sie Visitenkarten erhalten, machen Sie sich auf der Rückseite sofort Notizen über den Anlass und die Person, insbesondere auch über emotionale Details.

Einer meiner Kollegen hat **Postkarten** drucken lassen, auf denen Sinnsprüche stehen, die zu seiner Arbeit passen. Je zwei davon steckt er den Leuten mit einem so charmanten Lächeln zu, dass kaum jemand nein sagen kann. Packt man sie später aus, dienen sie als Gesprächsstoff oder als kleines Geschenk zum Weiterreichen. Und auf der Rückseite findet man einen entsprechenden Hinweis, von wem sie stammen.

Wenn Sie **Gutscheine** verschicken, legen Sie einen zweiten Satz für ein befreundetes Ehepaar, für den Arbeitskollegen oder einen Geschäftspartner bei – und weisen Sie ausdrücklich darauf hin: *„Weil geteilte Freude doppelte Freude ist, schicken wir Ihnen gleich zwei Gutscheine. Einer ist für Sie und der andere ist zum Verschenken."* So kommen Sie pfeilgerade im Umfeld Ihrer Zielgruppe ins Gespräch.

In den USA las ich einmal in einer Arztpraxis auf einem **Schild** im Wartezimmer: *„Bei folgenden Patienten möchten wir uns dafür bedanken, dass sie uns weiterempfohlen haben: ..."* Die wartenden Patienten interessierten sich sehr dafür. Und so mancher wünschte sich wohl, auch einmal dort zu stehen. Ähnliches kann ich mir beispielsweise in der Werkstatt oder auf der Webseite eines Handwerkers gut vorstellen.

Wenn Sie Briefe schreiben oder **Mailings** versenden, erwähnen Sie systematisch eine Personengruppe, für die das Angebot ebenfalls interessant sein könnte. Das hört sich beispielsweise so an: *„Wenn*

Sie und einer Ihrer Arbeitskollegen/Freunde/Geschäftspartner sich bis zum xx.xx.xx für dieses Seminar anmelden, erhalten Sie den Frühbucherpreis von xx Euro. So sparen Sie xx Prozent. Und Ihre Arbeitskollegen/Freunde/Geschäftspartner sparen gleich mit."

Werbebriefe, Prospekte und Broschüren enthalten in aller Regel einen Antwortabschnitt oder ein Antwortfax. Unter das obligatorische Ja-ich-will-Kästchen setzen Sie eine zweite Zeile wie folgt: *„... und ich kenne jemanden, der auch will. Bitte senden Sie Ihre Unterlagen baldmöglichst auch an ...".* Oder Sie machen nach dem Ja-ich-will-Kästchen ein weiteres Kästchen zum Ankreuzen in etwa mit folgendem Wortlaut: *„Ja, und ich will außerdem, dass ein guter Freund/Geschäftspartner/Kollege von Ihrem tollen Angebot erfährt. Bitte senden Sie Ihre Unterlagen auch an ... Er/Sie wird sich sicher darüber freuen."*

Oder: Integrieren Sie in Ihre **Bestellkataloge** mehrere (bereits vorfrankierte) Empfehlungspostkarten zum Heraustrennen. Diese können an den Kundendienst adressiert sein oder aber so gestaltet werden, dass man sie direkt an mögliche Interessenten aus seinem Umfeld verschicken kann. Wenn Sie dem Katalog Coupons oder Gutscheine beilegen, denken Sie immer auch an ein zweites Set zur Aktivierung des Empfehlungsgeschäfts.

Erstellen Sie eine kostenlose **Informationsbroschüre**, die nicht vorrangig Ihre Produkte preist, sondern dem Leser zu Ihrem Fachgebiet einen hohen Nutzwert bietet. Darin dokumentieren Sie vor allem fachliche Expertise, erwähnen Ihre Leistungen jedoch nur beiläufig. Solche Ausarbeitungen können Sie auf Ihrer Webseite zum Herunterladen anbieten oder, besser noch, Gesprächspartnern direkt in die Hand drücken – wie immer verbunden mit der Frage, ob eine zweite Version zum Weiterreichen gewünscht wird. Das Ergebnis: Man wird bei passender Gelegenheit über Sie sprechen. Denn mit einem ausgewiesenen Fachmann, in der Männerwelt gerne Guru genannt, den man persönlich kennt, schmücken sich viele gern.

Testimonials und Referenzen

Begeisterte Kunden sind oft bereit, ein **Testimonial** abzugeben, also in mündlicher oder schriftlicher Form über die Qualität der geleisteten Arbeit Auskunft zu erteilen. Ich selbst bedanke mich beispielsweise grundsätzlich am Ende eines Auftrags noch einmal bei meinen Auftraggebern. Dies bringt viele dazu, mir ein paar lobende Zeilen zu schreiben. Einige dieser Testimonials finden Sie auf meiner Webseite *www.anneschueller. de.* Manche Verkäufer haben Referenzschreiben dabei oder brennen positive Kundenaussagen auf CD und spielen sie beim Kunden als Hörprobe oder Podcast auf ihrem Laptop ab. Authentische Kundenaussagen lassen sich auch in Werbekampagnen und Anzeigenmotive einbauen.

Werden Prominente gezielt als Testimonials benutzt, spricht man auch von **Celebrity Marketing**. Wer einen bekannten Sympathieträger zum Fürsprecher seiner Sache macht, kann meist bei den Verbrauchern punkten. Was für viele albern klingt: Das Konsumverhalten der Promis hat Leitfunktion. Jeder Star hat eine Fangemeinde, die ohne Wenn und Aber hinter ihm steht und seinen Rat-

schlägen folgt, was insbesondere im Jugendmarketing gut zu beobachten ist. Die Bekanntheit des Stars macht auch das beworbene Produkt schnell bekannt. Die Werte, für die der Star steht, strahlen auf das Produkt aus. Das trifft im Positiven, aber auch im Negativen zu. Öffentlich gemachtes Fehlverhalten des Promis kann einer Marke nachhaltige Imageverluste bringen (wogegen man sich vertraglich absichern kann). Für den Werbetreibenden ist wichtig, dass der Star die beworbene Marke stützt und sie nicht überstrahlt. Die Marke muss also im Vordergrund stehen – und nicht der Protagonist. Nie darf ein Unternehmer sich bei der Wahl eines teuer bezahlten Testimonials von persönlichen Vorlieben leiten lassen, ferner auch nicht seiner Eitelkeit frönen (mit dem ‚Kaiser' zum Golfen, Claudia Schiffer im Arm). Entscheidend ist die darstellbare Zielgruppen-Passung.

Referenzen sind vor allem dort hilfreich, wo die Leistung zum Zeitpunkt des Vertragsabschlusses noch nicht existiert, also etwa im Wartungsdienst oder bei Beratungsunternehmen. Hier helfen bestehende Kunden, etwaige Unsicherheiten des Interessenten abzubauen, indem sie über ihre Erfahrungen berichten. Wenn Sie also als Anbieter auf Referenzen angewiesen sind, können Sie beispielsweise wie folgt vorgehen: Etwa zwei bis vier Wochen, nachdem Ihr Kunde Ihre Leistung erhalten hat, schreiben Sie ihm mit der Bitte, Ihnen genau zu sagen, was ihm ganz besonders gut gefallen hat, und zwar am besten so, als würde er einem unbeteiligten Dritten davon berichten. Bedanken Sie sich dann mit einem Geschenk für seinen positiven Kommentar – oder die hilfreichen Verbesserungshinweise. Danach fragen Sie, ob Sie Interessenten, die sich vorab bei einem Anwender informieren wollen, an ihn verweisen können. Eine etwaige Schweigepflicht ist zu beachten.

Erstellen Sie auf diese Weise eine **Referenzliste**. Je bekannter die Namen auf Ihrer Liste, desto besser. Klingende Namen machen Sie schnell ‚salonfähig'. Hierzu Helmut Sendlmeier, CEO der Werbeagentur McCann Erickson Deutschland: *„Kunden wissen sehr wohl, was eine Agentur im Endeffekt ausmacht: eine großartige Kundenliste. Sie ist die gelebte Referenz für qualitativ hochwertige Arbeit und gewachsenes Vertrauen."* Doch nicht jede Referenz stellt eine Erfolgsgarantie dar. Erarbeiten Sie daher ein internes ‚Rating' Ihrer Referenzen nach Kriterien wie Marktposition, Aktualität, Glaubwürdigkeit usw. Interessent und Referenz müssen in jedem Fall – beispielsweise in Hinblick auf Größe, Branche und Regionalität – zueinander passen. Achten Sie vor allem darauf, dass Sie Ihrem Interessenten nicht ausgerechnet seine größte Konkurrenz als Referenz präsentieren. Und trennen Sie sich von Referenzen, die in die Negativschlagzeilen gekommen sind oder bekanntermaßen der Insolvenz entgegenschlittern. Trivial? Auf vielen Webseiten stehen noch Namen von Firmen, die es schon länger nicht mehr gibt.

Legen Sie eine ansprechende **Referenzmappe** und/oder eine **Referenz-DVD** an, in der nach einheitlichem Muster über herausragende Projekte berichtet wird. Die GA Leitungsbau Süd erstellt beispielsweise jährlich eine solche Mappe mit detaillierten Informationen zu Vorzeige-Projekten aus den einzelnen Geschäftsfeldern. Hierbei wird das jeweilige Problem aus Kundensicht geschildert, die Lösung wird aufgezeigt und die dazugehörigen Ansprechpartner werden genannt.

Über die Projekt-Highlights gibt es darüber hinaus Filmmaterial. Beides dient sowohl zur Neukunden-Akquise als auch zur Stammkunden-Information.

Im Investitionsgüterbereich und auch in vielen anderen Branchen werden nicht nur Referenzblätter mit Details zu den jeweiligen Referenzprojekten erarbeitet, es stellen sich auf Wunsch **Referenzkunden** zur Verfügung, um potenziellen Neukunden Einblicke in erfolgreiche Projekte zu ermöglichen. Stolz und Geltungsbedürfnis spielen dabei oft eine Rolle. Ein Gartenbau-Architekt kann seine Kunden sicher bitten, das Ergebnis seiner künstlerischen Arbeit ausgewählten Interessenten präsentieren zu dürfen. Bang & Olufsen-Prospekte zeigen Fotos der designigen High-Tech-Geräte in den stilvoll eingerichteten Wohnungen tatsächlicher Kunden. Wer so kooperativ ist, sollte dafür eine Aufmerksamkeit oder, je nach Situation, eine Aufwandsentschädigung erhalten. In der IT-Branche wird dafür beispielsweise in Form von Mann-Tagen ‚bezahlt'.

„Referenzen sind für uns ein wesentliches Element, um Interessenten und Kunden anschaulich über die Einsatzmöglichkeiten unserer Produkte und Dienstleistungen zu informieren. Die Palette ist dabei vielfältig: Nennung des Referenzunternehmens, Statements von deren leitenden Mitarbeitern in unseren Werbematerialien, Unterstützung von Presseberichten, Referenzbroschüren, Referate von Mitarbeitern unserer Kunden auf Roadshows, Informationsveranstaltungen im Kunden-Unternehmen usw.", sagt Hiltrud Vidék-Mertens, Geschäftsführerin der GUS Group, einem Anbieter von Software-Lösungen. „Mit ihrer Bereitschaft,

als Referenz genannt zu werden und entsprechende Referenzprojekte gemeinsam mit der GUS Group zu tragen, geben unsere Kunden ihrem Vertrauen in unsere Arbeit sichtbar Ausdruck. Aus Interessentensicht sorgen Referenzen für besondere Glaubwürdigkeit. Denn die Darstellung des Nutzens und Umgangs mit unseren Produkten und Dienstleistungen sowie die Beurteilung der Zusammenarbeit mit dem Hersteller erfolgt aus dem Blickwinkel des Kunden. So erhalten Interessenten eine relativ objektive Information – eventuell sogar ein kritisches Statement."

Machen Sie aus beispielhaften **Referenzprojekten** eine eingängige Story und bieten Sie diese der Presse an. Wer einschlägige Fachzeitschriften oder beispielsweise die *Wirtschaftswoche* einmal dahingehend durchforstet, wird feststellen, dass viele Beiträge mit einem Fallbeispiel beginnen. Erfolgsstorys, die bereits vorliegen, ersparen den Redakteuren das Recherchieren. Der erschienene Beitrag, als Sonderdruck präsentiert, erfüllt nicht nur die eigenen Mitarbeiter mit Stolz, er kann bei Kunden ein wichtiger Türöffner sein.

Berichte über Referenzprojekte machen sich auch in Kundenzeitschriften und auf der Webseite gut, wie etwa die Walldorfer Software-Schmiede SAP zeigt. Anstatt – wie viele andere – nur einen kaum nachprüfbaren Referenz-Logofriedhof ohne Inhalt zu zeigen, werden dort exemplarische **Fallstudien** präsentiert. Sie zeigen die jeweilige Ausgangssituation, die verfolgte Strategie, die Lösung und das positive Ergebnis, das mit SAP-Software bei ausgewählten Kunden erzielt wurde. Interessenten mit ähnlichen Problemen werden diese Informationen gierig aufsaugen, denn sie dokumentieren

aus Kundensicht, wie der Dienstleister arbeitet. Sie transportieren Lob statt Eigenlob, was viel glaubwürdiger ist.

Mundpropaganda via Handy & Co.

‚Mobile Marketing' ist das jüngste Kind im Portfolio des Dialogmarketing und nimmt immer noch eine Pionierstellung ein. Es wird nach wie vor kontrovers diskutiert, weil die Gefahr von unerwünschtem SMS-Spamming nicht von der Hand zu weisen ist. Streng genommen ist ja jeder TV-Spot, weil nicht vom Empfänger angefordert, Spam. Werbebriefe und Postwurfsendungen sind Briefkasten-Spam. Jedoch werden nicht gewünschte Anrufe, E-Mails und SMS von uns wohl deshalb als viel aggressiver empfunden, weil Telefon, PC und Handy uns rein körperlich so viel näher sind. Eine unpassende Kontaktaufnahme kann hier nicht nur zu Fehlinvestitionen und rechtlichen Konsequenzen, sondern insbesondere auch zu schwerwiegenden Imageschäden führen.

Richtig gemacht, eröffnet das Handy jedoch ganz neue interaktive Möglichkeiten, feinselektierte Zielgruppen ohne Streuverlust punktgenau zu erreichen und virale Effekte zu generieren. Beispielsweise können attraktive Sound- oder Bildgrüße, die eine Botschaft beziehungsweise das Logo des Werbetreibenden beinhalten, innerhalb von Sekunden an Freunde und Bekannte weitergeleitet werden. Einige Firmen aus dem Konsumgüterbereich setzen Mobile Marketing mithilfe spezialisierter Agenturen und relativ hohen Budgets schon länger ein.

Wer die Lust an der Dokumentation magischer Momente – per Handy eingefangen – für sich und seine Angebote zu nutzen versteht („Schau mal, ich war dabei!"), kann hingegen auch jede Menge kostenlose Mundpropaganda-Werbung erhalten. Auf den passenden Rahmen kommt es halt an, wie folgendes Beispiel zeigt:

„Die Vögel zwitschern's von den Ästen, Paule's Krabben sind die besten", reimt die Werbetafel eines ambulanten Fischhändlers im Hafen von List auf Sylt. Die Babyphone-Generation, die bereits im zarten Säuglingsalter mit multimedialem Schnickschnack aller Art in Berührung kam, kann ob solch beschaulicher Empfehlungsdichtkunst nur müde lächeln. Sie amüsiert sich ein paar Schritte weiter bei der Seafood-Institution Gosch. Dort machen die Mitarbeiter Stimmung, die Teller sind groß und voll, das Essen schmeckt klasse, man trifft sich zum Sehen und Gesehen werden, ab und an steigen Partys. Die vorbeieilenden Kellner tragen die Ankündigung dazu auf dem Rücken. Da schaut man den gut gebauten Jungs gerne nach. All das muss natürlich dokumentiert werden. So räumt die Bedienung nicht nur Geschirr weg, sondern hält an, schnappt sich die Handys und knipst, was das Zeug hält – als wäre das ein Teil ihrer Arbeit. Das Logo von Gosch mit dem roten Hummer prangt überall und kommt selbstverständlich mit aufs Foto. Nun ab als elektronische Post an die Freunde. ‚Cool! Da wäre ich jetzt gerne dabei', denkt der Empfänger. ‚Bringt mir wenigstens was von eurem Teller mit', simst er zurück. Na klar, denn Gosch gibt es auch fix und fertig in Dosen für die Daheimgebliebenen. Keine Frage: Wer je nach Sylt kommt, will zu Gosch!

Ganz klar: Nicht die klassische Unterbrecherwerbung, sondern das Mitmach-Marketing verschafft den viralen Erfolg. Richtig eingesetzt kann das Handy zu einer mächtigen Waffe in Sachen Mundpropaganda werden. Es ist interaktiv, schnell und massenhaft verbreitet. Und es verknüpft die reale mit der virtuellen Welt.

Empfehlungen geldwert belohnen?

Die Strukturvertriebe für Kosmetika, Haushaltswaren und Schmuck machen vor, wie man mit **Empfehlungspartys** Geld verdient. Man lädt ein paar Bekannte ein und lässt einen Freund oder eine Freundin Waren präsentieren. Dafür ist man am Umsatz beteiligt. So profitiert man von den Beziehungen seines privaten Umfeldes – und hat einen abwechslungsreichen Abend. Die Firma Tupperware soll weltweit alle zwei Sekunden und in Deutschland alle zwanzig Sekunden irgendwo eine Party feiern.

Nicht unerwähnt bleiben sollen hier die klassischen **Kunden-werben-Kunden-Programme**, die viele wahrscheinlich schon aus eigener Erfahrung kennen. *„Empfehlen Sie DIE WELT doch einfach weiter. Und sichern Sie sich eine von über 450 tollen Prämien aus unserem neuen Online-Shop"*, heißt es beispielsweise auf einem Viertel einer Zeitungsseite. In vielen Zeitschriften findet der geneigte Leser den Lohn seiner etwaigen Mühen gleich großformatig abgebildet. Erstaunlich oft kam dabei der iPod zum Zuge. Das ist Empfehlungsmarketing im Empfehlungsmarketing.

Unter dem Titel ‚Wir belohnen Ihre Empfehlung' hat die HypoVereinsbank ein ganzes Büchlein mit **Sachprämien** für die erfolgreiche Werbung von Neukunden herausgebracht. Beim Durchblättern wird klar: Mit Kleinkram lässt sich heute niemand mehr locken, es muss schon ein Marken-Staubsauger, ein Edelstahl-Schlitten oder die Original-FC-Bayern-Sporttasche sein. Was dabei nicht übersehen werden darf: In den meisten Anwerbe-Fällen geht es nicht um die Empfehlung als solche, sondern allein um die Prämie. Ein negativer Nebeneffekt: Solche Programme machen die treuen Stammkunden sauer, denn diese erhalten die Prämien nicht – außer sie kündigen und kommen als Neukunden wieder. Wie Sie das Dilemma lösen? Belohnen Sie alle drei: Den Empfehler, den so gewonnenen Neukunden und vor allem den Stammkunden.

Unter dem Motto ‚Lassen Sie Ihre Freunde wertvolle Momente erleben' bewarb der Club Med ein sogenanntes Patenschaftsangebot. Dabei konnten Club Med Millesia Member an zwei voneinander unabhängige Personen ihrer Wahl, die noch nie mit dem Club Med verreist waren, eine Patenschaftskarte senden. Diese berechtigte zu einer Ersparnis von 100 Euro bei Buchung bestimmter Clubdörfer. Der Pate erhielt einen Bonus von je 200 Euro, sobald die geworbenen Personen aus dem Urlaub zurück waren. Dieser Bonus wurde auf eine eigene Reise angerechnet, wenn diese innerhalb eines bestimmten Zeitraums erfolgte. Einen kleinen Schönheitsfehler hatte das Angebot dennoch: die Wortwahl. Pate und hochwertiger All-inclusive-Urlaub, das passt nicht zusammen. Außerdem wurden die geworbenen Personen Patenkinder genannt, mussten aber mindestens zwölf

Jahre alt sein. Naja, da hat das Übersetzungsprogramm der französischen Werbeagentur wohl nicht so ganz funktioniert. Eine Nachlässigkeit, die Premium-Kunden sicher nicht lustig finden.

Programme, die das Empfehlungsgeschäft fördern, gibt es auch im BtoB-Bereich. So belohnt etwa ein namhafter Software-Hersteller nicht nur seine Kunden für deren Empfehlungen, sondern auch die Vertriebspartner, die aktiv dafür sorgen, dass ihre Kunden sich als Referenz zur Verfügung stellen. Hierfür werden bei Erfolg an die Partnerfirmen **Punkte** vergeben, die gegen Marketingleistungen beziehungsweise Prämien eingetauscht werden können.

Und schließlich kann man für erfolgreiche Empfehlungen auch eine **Provision** ausschütten. Das Engagement des Empfehlers wird hierdurch in aller Regel kräftig steigen. Denn Geld ist für viele ein nicht zu unterschätzender Motivator. Verkäufer der gleichen Branche können sich so auf Gegenseitigkeit unterstützen. Und Vertreter sich ergänzender Berufszweige können auf diese Weise zum beiderseitigen Nutzen wunderbar miteinander kooperieren.

Bezahlte Empfehlungen setzen vielfach zusätzliches Engagement frei und funktionieren damit aus Anbietersicht womöglich besser als unbezahlte. Entscheidend ist allerdings, wie die Zielpersonen reagieren. Wenn sie erfahren, dass Geld fließt, können darunter Glaubwürdigkeit und Vertrauen leiden. Dies schärft wiederum den kritischen Blick, die Sache wird intensiver geprüft und unter die Lupe genommen. Man entwickelt Vorbehalte und folgt dem nicht ganz uneigennützigen Rat am

Ende dann doch lieber nicht. Die größten Vorteile des Empfehlungsmarketing sind somit dahin.

Neue Formen der Mundpropaganda

Aus den USA schwappen inzwischen ganz neue Formen der Mundpropaganda zu uns herüber. Sie entstehen nicht aus dem ‚Good-will', den zufriedene Kunden ihrem Anbieter mehr oder weniger uneigennützig entgegenbringen, sondern sie werden durch spezialisierte Agenturen planmäßig initiiert und müssen bezahlt werden.

So bietet beispielsweise die PR-Agentur Ketchum ein ‚Influencer Relationship Management Programm' an, bei dem die jeweiligen Meinungsmacher für eine Branche identifiziert und Programme entwickelt werden, wie diese bei öffentlichen Auftritten ein Produkt empfehlen können. Man denke dabei nur an die Einfluss-Möglichkeiten, die etwa Gesundheits-, Schönheits- und Wellness-Experten haben. Die Kosten für solche Werbeprogramme können in die Millionen gehen.

Andere Agenturen haben inzwischen hunderttausende sogenannter ‚Buzzer' (to buzz = herumsummen, Buzz wird in den USA als Synonym für werbewirksame Mundpropaganda benutzt) in ihrer Datenbank, die vorgegebene Produkte zwar gezielt, aber dennoch zwanglos in ihrem Umfeld ins Gespräch bringen. Die ausgewählten ‚Agenten' bekommen Produktmuster und Anleitungen für die Kundenansprache. Sie arbeiten unentgeltlich und unterliegen keinem Zwang. Sie tun und sagen, was sie wollen. ‚Buzzen' ist für sie eine

Chance, sich zu amüsieren, an einen Informationsvorsprung zu kommen, ihr Geltungsbedürfnis zu nähren, anderen zu helfen oder Einfluss zu nehmen. Das bringt Selbstbewusstsein und Prestige. ‚Buzzer' sind also in aller Regel Selbstdarsteller und Vorreiter, ihre ‚Opfer' sind Leute, die dazugehören wollen oder Angst haben, den Anschluss zu verlieren. Außerdem können die ‚Buzzer' neue Produkte testen, bevor sie auf den Markt kommen und so an deren Entwicklung Anteil nehmen. Oder noch notwendige Änderungen anschieben. Oder gar ein völlig unbrauchbares Produkt stoppen, bevor es größeren Schaden anrichtet.

Wie Buzz-Agenten den anvisierten Kunden ein Produkt im wahrsten Sinne des Wortes schmackhaft machen können, wurde bei einer neuen Wurstsorte der Marke Al Fresco deutlich. Dem produzierenden Unternehmen Kayem Foods war es mit herkömmlichem Marketing nicht gelungen, ihr Produkt auf die Teller der amerikanischen Verbraucher zu bekommen. So wurde eine Truppe von Buzz-Agenten angeheuert. Sie organisierten Grillfeste, priesen die neue Wurst in Supermärkten und Grillstuben, erzählten Freunden und Verwandten davon, fragten nach der Wurst in allen möglichen Läden und beschwerten sich, dass sie dort nicht im Regal lag. So setzte eine glühende Nachfrage ein, die Verkaufszahlen schossen in die Höhe und der Umsatz stieg unmittelbar nach der Kampagne um 1,2 Millionen Dollar. Dave Balter, Chef der Agentur BzzAgent, der diese pfiffige Kampagne initiiert hat, ließ verlauten, dass er im Schnitt einen Erfolgsquotienten von 1 zu 15 erzielt. Das heißt, jeder Buzzer überzeugt 15 zusätzliche Verbraucher, welche die Botschaft dann im Schneeballverfahren weiterverbreiten.

Die in München ansässige Agentur trnd hat diese neue Form der Mundpropaganda, die auch als ‚Peer-to-Peer-Werbung' (peer = der Gleichrangige) bekannt wurde, nach Deutschland gebracht. Weit über 40.000 Personen (Stand Januar 2008), die bei trnd Mitglieder heißen, sind allein aus dem deutschsprachigen Raum bei trnd eingeloggt: Menschen, die sich als Vorreiter, als Avantgarde und Insider, als Meinungsführer und Multiplikatoren sehen und vor allem über das Internet extrem gut vernetzt sind. Entsprechend dem zu bewerbenden Produkt wählt trnd die passenden Mitglieder, informiert sie über den jeweiligen Auftrag und lädt zu einer Mundpropaganda-Kampagne ein. Wer an der Aktion teilnehmen will, erhält das Produkt des Unternehmens und ein Starter-Kit mit den notwendigen Details, jedoch keine Bezahlung. Vielmehr wollen die Teilnehmer Spaß haben oder sich wichtig fühlen, zum Gestalter werden oder als VIPs glänzen. Während der Kampagne berichten sie regelmäßig über ihre Aktivitäten. Sie besprechen das Produkt in ihren Blogs, stellen Bilder und Videos ein, verteilen Gutscheine und führen Blitzumfragen durch. Trnd kommuniziert täglich mit den Aktionisten, um Ergebnisse abzufragen und Tipps für weitere Maßnahmen zu geben. Am Ende der Kampagne erstellt jeder Teilnehmer einen Abschlussbericht, der in den Gesamtbericht für den Auftraggeber integriert wird.

Last but not least: Weit über die US-amerikanischen Landesgrenzen hinaus wurde der Fall des Studenten Andrew Fisher aus Omaha, Nebraska, bekannt, der sich für den satten Betrag von 37.000 Dollar für 30 Tage das Logo seines Auftraggebers auf die Stirn tätowieren ließ. Auch Sportler haben sich so schon Werbegelder gesichert. Da können

wir wohl künftig auf Kopfballtore in Zeitlupe besonders gespannt sein.

Abzuwarten bleibt bei solchen Formen der Mundpropaganda, ob die jeweiligen Zielpersonen die aktivierten Werber wirklich als uneigennützig und glaubwürdig erleben und den mehr oder weniger gut gemeinten Ratschlägen vertrauensvoll folgen werden. Oder aber ob sie darin einen neuen subversiven Versuch sehen, wie sie mit Werbetricks und -tücken insgeheim getäuscht und verführt werden sollen.

9. Das Internet als Empfehlungsplattform

Wer über Empfehlungen und Mundpropaganda entsprechende Hinweise erhält, wird oft zunächst im Internet nachrecherchieren. Das ist problemloser als ein Telefonat, denn das Internet hat 24 Stunden am Tag und sieben Tage die Woche offen. Und es ist sicherer als blindes Vertrauen. Laut einer kürzlich durchgeführten Nielsen-Studie konsultieren bereits 94 Prozent aller Internetnutzer vor einer wichtigen Kaufentscheidung das Web. Die Gründe dafür sind vielfältig: Wissensdrang, die Suche nach Alternativen, Unzufriedenheit über die derzeit genutzten Produkte, Preisvergleiche, Einsamkeit, Zeitvertreib, Zeitmangel, nicht erklärte Fachbegriffe während eines Beratungsgesprächs ...

Im Internet geht es aber nicht nur um Informationsbeschaffung. Eine Webseite kann heute viele weitere Funktionen erfüllen. Diese sind aus Sicht des Betreibers:

- Detail- und Hintergrundwissen vermitteln,
- einfaches, kostengünstiges und Zeit sparendes Verkaufen,
- Emotionen aufbauen: Fun, Individualität, Verbundenheit ...,
- Involvieren des Nutzers durch Interaktionsmöglichkeiten,
- Mundpropaganda und Empfehlungen stimulieren.

Im Folgenden geht es um die Betrachtung der letzten drei Punkte. Emotionalisieren und Involvieren sind die Vorstufen zum Zünden der fünften Stufe:

Mundpropaganda-Marketing im Web, oft auch als virales Marketing bezeichnet. Laut vielstimmigen Expertenmeinungen gilt es als *der* Zukunftstrend in der Werbewelt.

Ein globales Dorf

Es ist schon erstaunlich: Dort, wo die Anonymität am höchsten, die Komplexität am unfassbarsten und die Geschwindigkeit am größten ist, nämlich im Internet, gerade dort kommen wir wieder zu dem zurück, was schon auf antiken Marktplätzen an oberster Stelle stand: Vertrauen, Tauschhandel, Mundpropaganda. Das Internet ist ein globaler Markt mit dörflichen Regeln.

In einem Dorf, wo jeder jeden kennt (und kontrolliert), wo man sich täglich trifft und die neuesten Nachrichten tauscht, wo sogar die Hinterhöfe überschaubar sind, da hat das eigene Verhalten Auswirkungen darauf, wie man von anderen behandelt wird – auch heute noch. *„Ich kann mir keine Dummheiten erlauben"*, erzählte mir kürzlich der Inhaber eines kleinen Weinguts im Badischen, *„sonst bin ich morgen geschäftlich tot."*

So wie man früher auf den Markt oder in die Dorfkneipe ging, so trifft man sich heute im Internet. Wer früher die Gardinen aufzog, damit man in seine Wohnung schauen konnte, gewährt uns nun per Webcam Einblick in seine Privatgemächer. Wer früher am Schraubstock bastelte, tut dies heute mit Videomaterial – oder als Hacker.

Der übliche Klatsch und Tratsch findet nun in Chatrooms, Foren und Weblogs statt. Blogging ist eine neue Form von Konsumenten-Demokratie, von Stammtischparolen bis Wikipedia-Format ist alles dabei. Wer aktives Blog-Monitoring betreibt, kann kostenlos und schnell eine Menge über neue Kundenbedürfnisse, sich abzeichnende Trends, die eigene Position im Markt und das Abschneiden der Mitbewerber erfahren. Selbst, wenn nicht jede Eintragung glaubwürdig ist: Digitalen Vandalismus und zerstörerische Negativ-Kommentare, die von missgünstigen Konkurrenten über Strohmänner eingestellt wurden, schätzt der Online-Experte Torsten Schwarz auf maximal fünf Prozent. Erkennbar sind solche ‚Trolle' (wie man sie im Online-Jargon nennt) meist an der schlechten Ausdrucksweise oder an jeglichem Fehlen konstruktiver Hinweise. Und im Fall von Eigenpromotion an der ‚zu' werblichen Darstellung. Im Übrigen filtern gute Bewertungsportale unakzeptable Kommentare sowie Schmähattacken und Marketingprosa im Vorfeld schon aus.

Communities: Die neuen Sippen

Was früher die Sippen waren, das sind heute die Online-Communities: eingeschworene Clans mit eigenen Spielregeln. Eine Community ist, um diesen Begriff auch einmal zu definieren, eine Gruppe Gleichgesinnter, die ähnliche Interessen verfolgen, ihr Wissen vertrauensvoll teilen, sich gegenseitig beeinflussen und eine gemeinsame Identität aufbauen. Das Prinzip der Freiwilligkeit hat in der Community einen hohen Wert. Das Unternehmen, das die Community-Plattform bereitstellt, kann allenfalls wie ein Gastgeber agieren. Die Community-Mitglieder entscheiden selbst, wie sie sich in diesem Rahmen bewegen.

So wird das Web zu einer Art Zweitfamilie und bietet eine neue Form von Heimat, die die nur scheinbar konservativen Sehnsüchte nach zwischenmenschlicher Verbundenheit auf neue Weise stillt: draht- und grenzenlos. Das rollierende Digital Future Project der University of Southern California konnte 2007 bestätigen, dass sich das Internet zu einem starken Treiber für soziale Vernetzung und Aktivierung entwickelt. So sagten 43 Prozent der User, die Mitglied in einer Online-Community sind, dass sie sich ihrem virtuellen Umfeld mittlerweile ebenso stark verbunden fühlen wie ihrem realen sozialen Umfeld. Entgegen vieler Vorurteile stärkt das Internet offensichtlich soziale Bande. Überraschend war auch, wie eng online und offline mittlerweile bereits verzahnt sind. Das Pendeln zwischen der realen und der virtuellen Welt wird demnach mehr und mehr zu einer alltäglichen Selbstverständlichkeit. Hiervon kann das Mundpropaganda- und Empfehlungsmarketing kräftig profitieren.

Im Internet finden sich all die kleinen Dinge wieder, die uns so menschlich machen: persönliche Eitelkeiten (Ego-Surfen und Klickraten), der Wunsch nach Aufmerksamkeit und Anerkennung (Rankings), Mitgefühl (Foren und Chats), Mitteilungsbedürfnis (Blogs) und Emotionen – ausgedrückt durch Emoticons. Wir begegnen sogar den Formen frühmenschlicher Sprache, die wir vom Telefonieren her kennen und die in Telefonverkaufstrainings so gern als ‚soziales Grunzen' bezeichnet werden: Laute des Interesses, der Zustimmung, des Staunens oder des Grausens. Im Internet werden sie aufgeschrieben (tja, oh, uff, grrrrrrrr, …). Und schließlich: Im Web kann jeder in seine Wunsch-Rolle schlüpfen, sein Selbst sogar völlig neu erfinden. Der biedere ältere Hausmann in Pantoffeln und Bademantel macht sich im Web zum verführerischen Vamp und realisiert so seinen Lebenstraum. 18 Prozent aller Surfer sollen Netz-Transvestiten sein, sich also im WWW in ein anderes Geschlecht verwandeln.

Bei all dem entsteht so etwas wie Solidarität und Gruppenzugehörigkeit. Wer beispielsweise bei Amazon ein Buch kauft, erhält unter anderem auch Informationen darüber, welche Bücher andere Nutzer, die das gleiche Buch kauften, außerdem erstanden haben. So werden Referenzstrukturen geschaffen. Was viele andere tun, das kann so falsch nicht sein. Amazon wird dabei zum Beziehungsgenerator. Über Bewertungssysteme kann man sich in Windeseile ein Bild über die Reputation eines Anbieters machen. Das schafft Vertrauen und sichert Qualität. Selbst wenn ab und an ein Schwarzes Schaf dabei ist: Die gibt es im realen Geschäftsleben auch. Dem Image von Amazon und Ebay haben solche vereinzelte Vorfälle scheinbar nicht wirklich geschadet.

„Es sind unsere Kunden, die Ebay machen", sagt Meg Whitman, Ex-Vorstandsvorsitzende von Ebay. „Verkäufer locken Käufer an und Käufer noch mehr Verkäufer." Das ist wie auf dem Wochenmarkt. Wer das Treiben auf einem Wochenmarkt beobachtet, erkennt schnell: Hier geht es nicht nur um die Ware an sich, sondern ebenso um das Spiel der Sinne, um das Spiel mit den Preisen und um Lebenslust. Auch bei Ebay steht nicht nur die Ware im Fokus, sondern ebenso das Spiel mit den Emotionen: drei, zwei, eins, meins! Die Post soll (Stand 2007) schon mehr als 18 Prozent ihres Umsatzes durch Ebay-Pakete machen, Tendenz steigend.

Online und offline vernetzen

Viele Anbieter, allen voran die Markenartikel-Industrie, führen ihre Nutzer systematisch aus der Offline- in die Online-Welt. Im Internet gelingt es, ein Produkt zu vermenschlichen, ihm sozusagen eine Seele einzuhauchen. Dort ist eine viel personalisiertere Ansprache möglich: Der Verwender tritt aus der gesichtslosen Konsumenten-Masse heraus und kann mit ‚seiner' Marke über die reine Produktanwendung hinaus auf ganz individuelle Art und Weise interagieren. Dies sorgt für emotionale Verbundenheit mit der Marke selbst und auch mit den übrigen Nutzern der Marke. Die Marke ist ‚im Gespräch' und das wiederum sorgt für Empfehlungsgeschäft.

So lädt Jägermeister in ‚die wildeste Bar im Internet' ein. In einem interaktiven Community-Bereich kann man dort tun, was man im normalen Leben auch tut – oder sich dort nicht traut: sich unterhalten, flirten, Flaschendrehen ... Von der Webseite aus kann man gemeinsam Partys organisieren oder sich in echten ‚wilden Bars' treffen. Unter anderem verschenkt Jägermeister auch Pixel. Wer ein solches Pixel ergattert hat, dem gehört ein Stück der Webseite. Er kann sein Pixel ganz nach Lust und Laune gestalten und hierbei seiner Persönlichkeit Ausdruck verleihen. So bringt er sich selbst ins Gespräch – und damit auch die Marke.

Weil sie wissen, wie wertvoll trotz Internet die persönlichen Face-to-Face-Kontakte sind, geben Anbieter wie Ebay, Red Bull und viele andere ihren Nutzern auch die Gelegenheit, sich im wahren Leben zu treffen. Der Online-Business-Club XING ermöglicht zum Beispiel regelmäßige Mitgliedertreffen weltweit und lud seine Gemeinde auf das Oktoberfest in München ein. So werden Online- mit Offline-Welten vernetzt und es entstehen tragfähige Fan-Gemeinden. Solche Zirkel werden nun weiter gepflegt, indem man ihnen Informationsvorsprünge sichert, eine Vorzugsbehandlung gönnt und ihnen Spezialangebote macht. Fans sollen spüren und wissen: Sie sind etwas ganz besonderes. Denn nicht die vagabundierenden Neukunden, sondern durch und durch loyale Immer-wieder-Käufer, rührige Botschafter und aktive Empfehler sind die besten Kunden eines Unternehmens. Wer solche Schätzchen hat, der behandle sie pfleglich!

In webbasierten Business-Networking-Communities kann nicht nur klassisches Networking betrieben werden, vielmehr kann man auch gezielt nach passenden Empfehlungsgebern (Branchen- oder Themenexperten, Entrée-Geber in Ziel-Unternehmen usw.) suchen. Durch die Ansprache und reaktive Einbindung von Multiplikatoren kann dann das ‚natürlich gewachsene' Netzwerk der Empfehlungsgeber zügig erweitert werden. Auf diese Weise lassen sich jede Menge neuer Online- und Offline-Geschäftsmöglichkeiten erschließen.

Virales Web-Marketing

Das Internet ist also, wie immer deutlicher wird, nicht nur ein effizienter, sondern auch ein vergleichsweise kostengünstiger Empfehlungsgenerator mit hoher Reichweite. Es ist zu einem wahren Experimentierfeld in Sachen Mundpropaganda geworden. Welche Dimensionen virales Marketing erreichen kann und mit welcher Schnelligkeit

dies bisweilen geschieht, wurde an folgendem Beispiel deutlich:

Das von der französischen Agentur Motion Twin entwickelte Online-Spiel MyMiniCity startete Ende November 2007 und schaffte es in einem knappen Monat unter die 500 größten Websites weltweit. Nach 45 Tagen im Netz war die Seite über 20 Millionen Mal angeklickt worden und es wurden mehr als eine halbe Million Städte gegründet. „Ein derart wahnsinniges Wachstum schaffte bislang noch kein anderes Webportal", sagte Torsten Schwarz in einem Interview. „Das ist bestes virales Marketing mit einer guten Strategie, davon träumt jedes andere Unternehmen." Bei dem Spiel ging es darum, dass User eine Stadt gründen, die wächst, wenn weitere Websurfer die entsprechende Seite anklicken. Jeder Besucher der Stadt wird automatisch zum Bewohner, wobei jede IP-Adresse lediglich einmal pro Tag gezählt wird. Um seine Stadt zu vergrößern, muss der Gründer möglichst viele Freunde, Bekannte sowie andere Internetsurfer dazu bewegen, dem entsprechenden Link zu folgen. „Ebenso wie bei Social-Networking-Angeboten basiert das rasche Wachstum auf zwei Säulen", erläutert Schwarz. Erstens sei dies das Geltungsbedürfnis der Nutzer in Verbindung mit dem Wettbewerbsgedanken und zweitens der daraus resultierende Effekt des Weitererzählens. Nutznießer ist lediglich die auf Online-Spiele spezialisierte Agentur selbst. Motion Twin betreibt auf dem MyMiniCity-Portal Eigenwerbung für kostenpflichtige Online-Spiele.

Im Web kann jeder User als kostenloser Verkaufshelfer agieren. Dazu werden beispielsweise durch einen Hinweis Interessenten zunächst auf die entsprechende Internetseite gelockt, weil dort etwas passiert, was in irgendeiner Weise spannend, anregend, aufregend, nützlich, gewagt oder geradezu skandalös, also auf irgendeine Weise ‚sexy' ist. Über diesen Umweg kommen Zielpersonen auf emotionale Art und durch eigene Aktivitäten mit einem Produkt oder einer Leistung in Berührung und entscheiden sich womöglich schließlich zum Kauf und/oder zum Weiterleiten. Mund-zu-Mund-Werbung im Internet (oder sollten wir besser Maus-to-Maus-Werbung sagen?) funktioniert also auf subtile Weise und ist oft nur auf den zweiten Blick als solche zu erkennen. Sie kann durch puren Zufall entstehen oder von einem Unternehmen gezielt losgetreten werden.

Ein früher Vertreter des viralen Marketing war das Moorhuhn, das am Ende zwei Drittel aller Computer ‚infiziert' haben soll. Ein weiteres frühes Beispiel ist das Kinderlied vom Schni-Schna-Schnappi-Krokodil, welches vom Internet aus die Charts eroberte.

Das virale Marketing verdankt seinen Namen der dramatischen Schnelligkeit und der exponentiellen Wirkung, mit der sich eine Botschaft virusartig im Internet ausbreitet, ohne dass darauf Einfluss genommen werden kann, wen sie wann erreicht. Ferner kann meist nicht sicher vorhergesagt werden, ob die Botschaft eine positive oder eine negative Richtung nimmt. Die Effekte, die durch virales Marketing ausgelöst werden, entwickeln eine hohe Eigendynamik. Sie sind also weder planbar noch steuerfähig, weil nicht mehr zu stoppen. Das macht virales Marketing so spannend – und gleichzeitig auch gefährlich. Der überwältigende Vorteil des viralen Marketing ist, dass die

Botschaft von einem Menschen kommt, den man kennt. Da sie ohne erkennbaren äußeren Einfluss ausgesprochen wurde, wirkt sie glaubwürdig und ehrlich. Doch wie bei einem echten Virus kann es durch Manipulationen zu unkontrollierten Mutationen kommen, die das Ziel der Kampagne ins Gegenteil verkehren.

Virales Online-Marketing eignet sich logischerweise nur für internetaffine Kreise. Dabei werden Sie bei einer viralen Werbekampagne, wie bei jeder anderen Kampagne auch, zunächst Ihre Ziele (Bekanntheit, Sympathie, Adressgenerierung, Abverkauf, Erinnerung, Newsletter-Bestellung, Visits etc.) definieren, die anvisierten Zielgruppen festlegen sowie den optimalen Zeitpunkt für den Kampagnenstart bestimmen.

Der virale Auslöser

Sind Ziele, Zielgruppen und Zeitpunkt bestimmt, geht es um den passenden viralen Auslöser, den Lockvogel sozusagen. Niemand wird eine Botschaft freiwillig verbreiten, die ihm selbst nicht gefällt. Denn nur, wenn Sie etwas bieten, worüber es sich zu reden lohnt, womit demzufolge der Absender beim Empfänger punkten kann, wird ersterer für Sie aktiv. Dabei soll der Überträger nicht nur animiert werden, die Botschaft aktiv zu verbreiten, er soll außerdem den Empfänger der Botschaft zur Weitergabe motivieren. Ihre Kampagne muss also beiden Seiten Nutzen versprechen.

Dies kann gelingen, wenn Sie beispielsweise

- etwas Unterhaltsames bieten,
- den Spieltrieb anregen,
- etwas völlig Neues bieten,

- etwas Einzigartiges bieten,
- etwas Sensationelles bieten,
- etwas Geheimnisvolles bieten,
- etwas Nützliches bieten,
- etwas zum Gewinnen ausloben

und wenn darüber hinaus

- für die Nutzer (möglichst) keine Kosten entstehen,
- die Botschaft leicht übertragbar ist,
- der Absender (wenn möglich) für seine Arbeit belohnt wird.

Unterhaltsames: Wenn wir etwas besonders lustig finden, lassen wir Menschen, denen wir Gutes tun wollen, gerne daran teilhaben. Eine unterhaltsame Geschichte, ein Cartoon, ein Video-Clip, ein Spiel, virtuelle Küsse, eine witzige E-Card, hie und da auch etwas Besinnliches: All das wird gerne weitergeleitet. Eine meiner Trainerkolleginnen, Sabine Asgodom, hatte einmal einen strippenden Weihnachtsmann auf ihrer Webseite, der sich durch Anklicken entblätterte. Damit hat sie bei ihrer Zielgruppe, den Sekretärinnen und Assistentinnen, einen Volltreffer gelandet. Die süffisante Botschaft eroberte die Vorzimmer der Republik im Sturm.

Sensationelles: Was sensationell, möglicherweise sogar ein wenig makaber ist, erregt die Gemüter, lässt Emotionen hochkochen und ist in hohem Maße viral. Es wird weitererzählt beziehungsweise als elektronische Post weiterverschickt, weil es die anderen zum Staunen oder zum Erschauern bringen soll. Ich kann mich noch gut an all die Geschichten über Spinnen erinnern, die bei uns auf dem Schulhof kreisten – viele Mädchen haben ja bekanntlich Angst vor Spinnen. Eine handelte von einer Frau, die aus Afrika mit einem dicken Pickel auf der Wange zurückkam. Beim Friseurbesuch kam der Meister an die entzündete Stelle, sie platzte und heraus krabbelten lauter kleine Spinnen. Ob wahr oder nicht, keine Ahnung. Aber die Geschichte wurde ständig ausgeschmückt und weitererzählt – und so schließlich zum Mythos.

Einen sensationellen Erfolg landete ein Berliner 10-Mann/Frau-Unternehmen mit seinem Produkt K-fee, einem Energiedrink auf Kaffee-Basis. Die preisgekrönten und auf www.k-fee.com platzierten gruseligen Videoclips brachten es durch Mundpropaganda auf bis zu 100.000 Viewer pro Tag. Die heruntergeladenen Clips wurden im Schnitt neun Mal per E-Mail weitergeleitet. Und die in den Clip integrierten Links generierten über zehn Prozent Response-Rate. Ein Spot schaffte es sogar in eine sehr populäre amerikanische Fernsehsendung und erzeugte dort eine gewaltige Nachfrage. Heute gehört K-fee zusammen mit Nestlé und Jacobs ins Spitzentrio der Ready-to-drink-Kaffeegetränke. Womit bewiesen wäre, dass man als kleines Unternehmen durch virales Marketing sogar mit Weltfirmen konkurrieren kann.

Nützliches: Checklisten, Anwendertipps, Musterbriefe usw. zum Downloaden werden gerne im beruflichen Umfeld weiterempfohlen. So gewinnt man zielsicher neue Kunden in den favorisierten Zielgruppen. Bedingung ist, dass die Unterlagen gratis bereitstehen. Kosten sind seit jeher eine Hemmschwelle im Internet, sie lassen die Klickraten schnell abebben. Zudem kommen weitere Überlegungen hinzu: ist der Anbieter vertrauenswürdig, wie bezahle ich, ist das sicher etc. Achten Sie ferner darauf, dass sich Ihre Dokumente schnell aufbauen und leicht navigierbar sind. Weniger ist oft mehr, denn die Geduld im Web ist schnell zu Ende.

Der Haarpflegemittelhersteller Alpecin landete beispielsweise mit seinem Glatzenrechner im Internet einen riesigen Coup. Das Szenario bewegt wohl ziemlich viele Köpfe, denn die Nachricht über den neuartigen Kalkulator verbreitete sich im Netz rasend schnell. Zehn Tage nach Freischaltung der Webseite hatten sich schon über eine halbe Million Interessierte durch den Fragenkatalog geklickt, um eine Vorhersage über die Entwicklung ihrer Haarpracht zu erhalten. Und dankend nahmen sich die üblichen Verdächtigen in der Medienlandschaft dieses brisanten Themas an und berichteten ausführlich.

Belohnungen: Wer für Sie kostenlose Werbung in seinem Umfeld macht, hat vielleicht eine kleine Belohnung verdient. Sagen Sie in diesem Fall dem potenziellen Empfehler, was er genau tun muss, um die Belohnung zu erhalten.

So formulierte das ein Online-Netzwerkanbieter in seinem wöchentlichen Newsletter: „Wussten Sie, dass Sie für zehn neue Nutzer, die sich über Ihre Empfehlung bei XING erfolgreich registrieren, jeweils einen Freimonat Premium-Mitgliedschaft als Bonus erhalten? Weiterhin bekommt jedes neue durch Sie empfohlene Mitglied einen Monat Premium-Mitgliedschaft, um die Vorteile von XING kennenzulernen. Wenn zusätzlich einer dieser Nutzer eine bezahlte Premium-Mitgliedschaft abschließt, erhalten Sie einen weiteren Premium-

Monat." Und schließlich unter Angabe des Links: „Hier laden Sie Personen zu XING ein." Dabei konnte man seine eigenen Online-Datenbanken mit den bereits bei XING registrierten Mitgliedern abgleichen, um schneller fündig zu werden und an seine Belohnung zu kommen. Mithilfe solcher Aktionen ist XING geradezu explodiert und stößt bereits an seine Grenzen.

Unter dem Motto „Machen Sie Ihren Freunden ein Geschenk" lassen sich Gutscheine zum Weiterleiten bereitstellen. Ebenso können Sie eine Prämie oder Provision für Käufe, die aus Weiterleitungen und Empfehlungen resultieren, anbieten. Online-Kunden-werben-Kunden-Programme mit teils ansehnlichen Provisionen werden inzwischen von einer ganzen Reihe von E-Shop-Betreibern angeboten. Diese entlohnte Form von Empfehlungsmarketing führt die Anbieter ohne Streuverluste direkt an potenzielle Käufer heran, denn die Empfehler sind ja meist über die Interessen und Vorlieben ihrer Freunde, Verwandten und Bekannten bestens informiert.

Leicht übertragbar: Weitersagen-Buttons und Weiterleitungslinks sind ein alter Hut. Dennoch: Viele Unternehmen machen das bis heute noch nicht. Oder sie haben die Hinweise dazu so gut versteckt, dass sie wirklich niemand entdeckt. Selbst das Suchen nach den so wichtigen Kontakt-Links ist manchmal wie Ostern: Man findet die ‚Eier' einfach nicht. Nicht nur die Webseite, sondern auch E-Mails und Newsletter können mit einer Tell-a-friend-Funktion viralisierbar gemacht werden.

Was alles dem viralen Online-Empfehlungsmarketing dient:

- Produktbewertungen beziehungsweise Rezensionen
- Kommentierungsfunktionen
- Ratings, beispielsweise über fünf Sterne
- Votings, Abstimmungen und kleine Umfragen
- Hit- und Lieblingslisten
- Bookmark-Buttons
- Tell-a-friend-Buttons
- Up- und Download-Funktionen
- Weiterleitungsfunktionen
- Empfehlungshinweise
- RSS-Feeds
- usw.

Die Währung im Web heißt übrigens: Link. Blogs und ihr positiver oder negativer Inhalt landen auch deshalb weit oben in den Suchmaschinen-Ergebnissen, weil sie so gut verlinkt sind.

Das virale ‚seeding'

Entscheidend für den Erfolg einer viralen Kampagne ist die Frage, ob es gelingt, möglichst viele Menschen zur Weiterleitung einer Botschaft zu animieren. Um dies zu steuern, ist es wichtig, die Erstempfänger sorgfältig auszuwählen. Dieser Prozess wird als ‚seeding' bezeichnet. Dabei spricht man vom passiven und vom aktiven ‚seeding'. Beim passiven Seeding wird eine Botschaft einfach auf der Webseite ‚ausgesetzt', in der Hoffnung, dass sie von den richtigen Leuten gefunden wird.

Beim aktiven ‚seeding' werden – unter Beachtung der rechtlichen Vorschriften – ausgewählte Kreise beispielsweise via Postings, E-Mails, Podcast, SMS usw. gezielt angesteuert. Hierzu können sowohl eigene Adressen als auch unterschiedlichste Multiplikatoren genutzt werden. Die Erstüberträger (Einzelpersonen, Webportale, Blogs, …) sollten Glaubwürdigkeit, Einfluss und vor allem gute Kontakte in der anvisierten Zielgruppe besitzen. Denn sie werden ja vor allem ihr persönliches oder berufliches Umfeld bedienen. Ein Tipp am Rande: Bei Bloggern niemals werblich auftreten, Blogger lassen sich nicht kaufen.

Der Empfänger wird sich mit der Botschaft, die er in aller Regel von einer ihm bekannten Person erhält, viel eher auseinandersetzen als mit klassischer Werbung. Dabei können Fotos, Videos, Dateien usw. weitergeleitet werden. Achten Sie bei E-Mails auf die Betreffzeile sowie auf Größe, Format und Inhalt der Anhänge, um nicht ungelesen in Spam-Filtern und Firewalls hängen zu bleiben. Formulieren Sie die Betreff-Zeile so, dass sie zum Öffnen anregt. Beenden Sie die Mail mit einer klaren Weiterleitungsaufforderung. Setzen Sie einen Weiterleitungslink, um den Erfolg ihrer Aktion zumindest bei der ersten Welle zu kontrollieren. Und dann heißt es: Daumen drücken.

Die einzelnen Etappen, die eine Mundpropaganda-Botschaft durchlaufen kann, nennen die Fachleute ‚Generationen' (G1, G2, G3 usw.). Aktionen, die zum Rohrkrepierer geraten, sind nach G1 schon tot, das heißt, niemand leitet sie weiter. Gut gemachte Aktionen mit einem breiten ‚seeding' können schnell hunderttausende, wenn nicht gar Millionen Menschen erreichen.

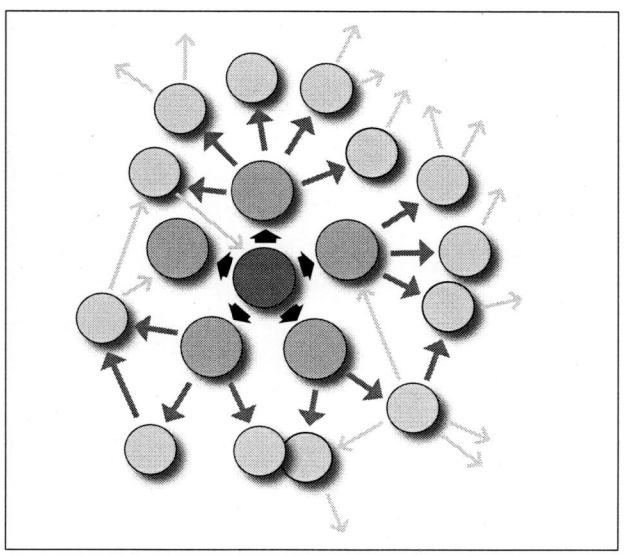

Abbildung 12:
Virale Kampagne über mehrere Etappen. Die virale Botschaft wurde an fünf Personen weitergegeben, die diese ihrerseits mit unterschiedlicher Intensität weiterleiteten.

Die Szene der Viral-Marketer hat inzwischen eine Fülle von Techniken und Tools entwickelt, um die Erfolgsaussichten einer viralen Kampagne zu verbessern. Eine Menge Dos and Don'ts sind dabei zu beachten, denn Fehlverhalten wird in Foren und Blogs oft recht ruppig kommentiert. Die Anfangszeiten der verwackelten Bilder sind vorbei. Und in vielen Bereichen ist schon längst eine Sättigung spürbar. ‚Virals' werden inzwischen nicht mehr nur um ihrer selbst willen gemacht, sondern stützen komplexe Werbestrategien. Konsultieren Sie für weitere Details die Fachliteratur und/oder die diesbezüglichen Blogs.

Vor einer missverstandenen Form des viralen Marketing sei hier gewarnt: vor ‚Fakeblogs' und Forum-Spamming. Dabei stecken hinter den Kommentaren vermeintlich begeisterter Privatleute spezielle Agenturen, die dies für gutes Geld im Auftrag eines Werbetreibenden tun. So

findet sich die wie eine Empfehlung anmutende und meist gleich klingende Werbebotschaft unter verschiedenen Pseudonymen in allen möglichen Foren wieder, geschrieben von PR-Profis – oder den eigenen Mitarbeitern. Wenn sie diese ertappt, reagiert die Internetgemeinde auf solchen Missbrauch mit Zorn und stellt die Übeltäter öffentlich zur Schau. Die Glaubwürdigkeit ist damit dahin.

Und ein Hinweis noch zum Schluss: Zu jeder viralen Werbekampagne gehört auch eine Erfolgskontrolle. Spezialisierte Anbieter bieten dazu Online-Tracking-Instrumente an, die nicht nur die Erstübertragung einer viralen Botschaft messen, sondern auch deren weiteren Weg verfolgen können. Dies ermöglicht, das Nutzerverhalten zu begleiten und daraus zu lernen. Die Erfolgsaussichten solcher Kampagnen können so immer besser vorausgesagt und immer weiter verfeinert werden.

10. Mundpropaganda durch Guerilla-Marketing

Guerilla-Marketing setzt auf Brain statt Budget – auf große Ideen für bescheidene Portemonnaies. Es hat vor allem das Ziel, für hohe Aufmerksamkeit in der Öffentlichkeit und den Medien zu sorgen, um auf diese Weise Mundpropaganda zu generieren, was in der Folge natürlich auch zu Empfehlungen führen kann. Hinter dem martialisch klingenden Begriff stecken ein offensives Marketing, viel Kreativität und immer wieder neue Überraschungen. Es findet vielfach draußen auf der Straße statt und wird in diesen Fällen auch als ‚Ambient Marketing' oder ‚Street Marketing' bezeichnet. So hat IKEA beispielsweise in früheren Werbekampagnen Bushaltestellen-Häuschen mit Wohnzimmer-Garnituren im schwedischen Design eingerichtet.

Ursprünglich wurde Guerilla-Marketing als Waffe für kleine Firmen mit knappen Werbegeldern im Kampf aus dem Hinterhalt gegen die ganz Großen entwickelt (daher der Name). Inzwischen wird es auch von Weltmarken genutzt, um mit unkonventionellen Methoden Aufmerksamkeit zu erzielen und eine öffentliche Diskussion anzuregen.

Legendär ist das Bild von Linford Christie mit den Puma-Augen anlässlich der Präsentation von Sport-Ausrüstung für die olympischen Spiele in Atlanta. Das Foto mit den Logo-Kontaktlinsen des Sportartikelherstellers ging um die ganze Welt und erreichte ein Interesse, das mit klassischer Werbung so nie möglich gewesen wäre – zu einem Bruchteil der Kosten.

Vielleicht erinnern Sie sich auch noch an die Six-pack-Versteigerung bei Ebay im Jahr 2003. Bieter konnten dort sechs Frauen in Partylaune zusammen mit einer Kiste Krombacher ersteigern. Der Bieter Bluemoon100 bekam für 25.050 Euro den Zuschlag. Wie sich bald herausstellte, handelte es sich bei dem glücklichen Gewinner um Markus Pfitzke, einem der Hauptaktionäre des Online-Buchhändlers bol.de. Er hat die anschließende Party medienträchtig vermarktet. Für spätere Nachahmer-Aktionen interessierte sich übrigens niemand mehr.

Gut gemachte Guerilla-Aktionen sind im wahrsten Sinne des Wortes einmalig, sie sind kreativ, mutig und frech, laut und rebellisch, idealerweise geradezu spektakulär. Sie kommen mehr oder weniger unangekündigt aus dem Nichts daher und verschwinden dann wieder. Sie polarisieren und bringen sich so ins Gespräch. Man mag sie oder man mag sie nicht – Hauptsache, man redet über sie. Ihre Wirkung ist meist emotionaler Natur und damit auch nachhaltiger als konventionelle Werbung.

In Frankfurt sorgte beispielsweise eine Aktion der Hilfsorganisation Amnesty International für Furore, bei der täuschend echt aussehende Hände von innen die Gitterstäbe von Gulli-Deckeln umklammerten. Wie eintätowiert standen auf den Fingern Sätze wie ‚Wrong Colour' oder ‚Wrong Opinion'. Auf diese ungewöhnliche Weise sollte auf Menschen aufmerksam gemacht werden, die wegen ihrer Hautfarbe, ihres Glaubens oder ihrer politischen Anschauungen unschuldig in Gefängnissen sitzen.

Tribis, eine Schweizer Hundeschule aus Bubikon, machte wie folgt auf sich aufmerksam: Wenn Hundebesitzer nach dem Einkaufen zu ihrem vor dem Laden angebundenen Hund zurückkehrten, bekamen sie einen Schrecken. Ihr Vierbeiner hatte einem Stofffetzen zwischen den Zähnen, der wie ein Stück Hosenbein aussah. Erst bei näherem Hinsehen konnten sie auf dem Jeansstoff lesen: „Glück gehabt, das ist nur ein Fetzen Werbung. Falls Sie aber ernsthaft an den Manieren Ihres Lieblings gezweifelt haben, wird es Zeit für einen Termin bei uns." Die Resonanz war gewaltig. In kürzester Zeit waren die Kurse ausgebucht, sodass die Aktion vorzeitig gestoppt werden musste. Kleines Budget, pfiffige Idee, große Wirkung. Und einige Marketingpreise gab es außerdem.

Als einmaliges und meist unterhaltsames Ereignis sorgt Guerilla-Marketing – ähnlich wie das virale Marketing – für eine selbstständige Weiterverbreitung der Botschaft per Mundpropaganda, über das Handy, das Internet und oft auch über die Presse. Bei schlecht gemachtem Guerilla-Marketing spricht man dabei nur über die Aktion als solche, bei gut gemachtem auch über das beworbene Produkt. Der Autovermieter Sixt nutzt beispielsweise ganz bewusst provokante Werbemotive mit dem ausdrücklichen Ziel, eine hohe Medienresonanz zu erreichen. Abmahnungen werden dabei nicht nur billigend in Kauf genommen, sondern sind geradezu erwünscht.

Für Erzählstoff sorgte die Jeans-Dropping-Aktion der Firma Lee auf verschiedenen Musikevents. Dabei schwebte ein ferngesteuerter Zeppelin durch die Luft. Die Zuschauer konnten per Handy die Anzahl der Abwürfe beeinflussen. Waren 500 SMS eingegangen, startete der Zeppelin mit dem Abwurf der Jeans. Aufgefangene Jeans konnten gegen eine passende Größe eingetauscht werden. Der Musiksender MTV und andere Medien berichteten ausführlich. Die Marke Lee wurde so auf coole Weise in ihrer Zielgruppe positioniert und sorgte für reichlich Mundpropaganda.

Eine spektakuläre Aktion ist auch der Firma Lego geglückt. Das Unternehmen setzte unbemerkt vor der niederländischen Küste einen zwei Meter großen Legomann im Wasser aus und ließ ihn von allein an den Strand treiben. Schon von Weitem konnten die Urlauber das Objekt sehen und rätselten, was denn da auf sie zukam. Als der Legomann schließlich von den Mitarbeitern einer Strandbar geborgen wurde, war das Erstaunen groß. Die Lokalpresse wurde alarmiert, Urlauber schossen Fotos und einheimische Jugendliche drehten Handyvideos. Ein paar Stunden später meldete bereits die Nachrichtenagentur Reuters den Fund. Ab diesem Zeitpunkt ging die Nachricht über das kuriose Treibgut um die Welt. Parallel dazu tauchten im Internet immer mehr Videos und Fotos auf, die den Fund von Ego Leonhard (so der Name des Legomanns) dokumentierten. Unverzüglich begannen Diskussionen in Blogs und Foren über die Herkunft des skurrilen Funds. Doch nach den Verantwortlichen musste nicht lange gesucht werden: Der Legomann wurde drei Tage vor dem 70. Geburtstag der Marke Lego an Land gespült und war der gelungene Auftakt zu einer ganzen Reihe von Aktionen zur Ehrung des beliebten Stecksteinsystems.

Eine Gefahr im Guerilla-Marketing ist die mangelnde Kontrollierbarkeit. Zu den Kernaufgaben derartiger Aktionen gehört es ja, für Irritationen zu sorgen. Das kann sowohl die Befürworter mobilisieren, die sich schützend vor die Marke stellen, als auch Gegner auf den Plan rufen, die die Marke beschädigen. Letzteres ist zum Beispiel Benetton mit einigen umstrittenen Werbemotiven passiert.

Attacken aufgebrachter Internet-Nutzer hat beispielsweise auch die Automarke Chevrolet bei ihrem Geländewagen Tahoe zu spüren bekommen. Chevrolet stellte eine Webseite online, die es den Besuchern ermöglichte, Videoclips mit eigenen Werbesprüchen zu vervollständigen. Viele Teilnehmer haben diese Gelegenheit genutzt, um sich auf ironische Weise über den hohen Benzinverbrauch der Autos lustig zu machen. In einem der Clips fährt der Tahoe durch eine Wüstenlandschaft. Ein zynischer Text zum Clip lautete: „Das Öl unseres Planeten ist beinahe aufgebraucht. Man benötigt kein GPS, um zu sehen, wohin uns dieser Weg führt."

Erfahrene Guerilla-Marketer planen die gezielten Konter, zu der ihre kontroversen Kampagnen geradezu einladen, vorsorglich mit ein. Gerade bei den medienwirksamen Outdoor-Aktionen kann man vieles richtig, aber auch manches falsch machen. Der Marketingexperte Marcel Schreyer hat deshalb sieben Regeln zusammengestellt, die Sie in jedem Fall beachten sollten:

1. **Behindern Sie niemanden!** Stellen Sie Ihre Werbemittel den Menschen nicht in den Weg. Die schönste Installation wird nervig, wenn man deshalb Umwege machen muss. Orte, an denen Gefahrensituationen entstehen können, sind absolut tabu. Da wird auch die Stadtverwaltung bei der lustigsten Kampagne kein Auge mehr zudrücken.

2. **Respektieren Sie die Umwelt!** Zahlreiche Menschen sind beim Thema Umwelt sehr sensibilisiert und die Naturschutzvereine warten auf jede Gelegenheit, sich zu profilieren. Bevor Sie also mit einer Lasershow den Vogelflug stören oder ein Happening im Naturschutzgebiet abhalten wollen, klären Sie die Situation vorher ab.

3. **Verfolgen Sie die Nachrichtenlage!** Guerilla-Aktionen dürfen zwar provokant sein, durch zufällige Kombination mit aktuellen Geschehnissen können Sie aber schnell ins Geschmacklose abdriften. Blasen Sie die Sache im Zweifelsfall lieber ab, als sich negative Presse einzufangen.

4. **Bleiben Sie nicht zu lange!** Die Strategie der Guerillakämpfer beruht darauf, wie aus dem Nichts aufzutauchen und wieder zu verschwinden. Machen Sie es ihnen nach: Wenn auch noch der letzte Ihre Aktion gesehen hat, ist nichts Aufregendes mehr daran. Welchen Grund gibt es dann noch, sie weiterzuerzählen?

5. Schweigen Sie! Informieren Sie nicht alle Medien und versenden Sie nicht tausende Mails. Wenn Sie die virale Verbreitung einer Guerillakampagne anstoßen wollen, holen Sie sich maximal ein Medium ins Boot oder informieren nur eine Handvoll Freunde. Das erhöht die Exklusivität der Nachricht und damit die Motivation der Empfänger, sie weiterzugeben.

6. Binden Sie die anderen mit ein! Interaktive Elemente oder ‚begehbare‘ Installationen machen Spaß, erhöhen die Wahrnehmung und lassen die Passanten Teil der Botschaft werden.

7. Schaffen Sie etwas Neues! Die Verlockung ist zwar groß, erfolgreiche Kampagnen zu kopieren. Aber Kommentare à la „Die haben auch keine eigenen Ideen" sind wohl das Einzige, was Sie damit provozieren werden. Lassen Sie sich lieber etwas mehr Zeit, denken Sie sich etwas Neues aus oder entwickeln Sie vorhandene Ideen intelligent weiter.

Thomas Patalas, Experte für Guerilla-Marketing, ergänzt diese Hinweise wie folgt: *„Wichtig ist, dass Guerilla-Marketing-Kampagnen keine kreativen Schnellschüsse sind, sondern – wie alle Marketingaktionen – sorgfältig geplant und vorbereitet werden müssen. Sammeln Sie dafür alle relevanten Informationen und analysieren Sie diese – vom eigenen Leistungsangebot über Ihre Kunden und das spezifische Umfeld bis hin zum Kommunikationsziel. Fragen Sie sich, was Sie mit dieser Kampagne vermitteln wollen. Es gibt etliche Guerilla-Aktionen, die sind witzig, aufregend und unterhaltsam, aber kein Mensch versteht die Botschaft – sofern es überhaupt eine Botschaft*

gab. Guerilla-Marketing will kein reines Unterhaltungstool sein, sondern es will Sie in Ihrer Marketingstrategie unterstützen. Nicht zuletzt deshalb sollen die Art der Kampagne, die Botschaft, die eingesetzten Kommunikationsinstrumente und natürlich auch das Budget zu Ihrem Unternehmen und seinen Angeboten passen.

Guerilla-Marketing-Kampagnen verführen zwar dazu, auch mal was Verrücktes auszuprobieren, dennoch dürfen weder der bisherige Marketingstil auf den Kopf gestellt noch das Image beschädigt werden. Wenn Sie sich bei der Kampagnenplanung nicht ganz sicher sein sollten, fragen Sie doch einfach mal Ihre Mitarbeiter oder – noch besser – Ihre Kunden, was sie davon halten und ob es zu Ihnen passt. Dies kann nicht nur Ihr Marketingbudget schonen, sondern auch Ihr Standing am Markt schützen."

11. Die Presse als Empfehler

Spricht die Presse über Sie, Ihre Firma und Ihre Produkte? Das gute Ansehen eines Unternehmens, seiner Marken und seiner Topleute in der Öffentlichkeit ist eine wichtige Voraussetzung für den wirtschaftlichen Erfolg. Dieser entsteht ja nicht nur durch Spitzenleistungen, begeisterte Kunden und loyale Mitarbeiter, sondern kann auch durch die Presselandschaft maßgeblich beeinflusst werden, sei es positiv oder negativ.

Medien machen Meinung: unverblümt, schnörkellos und bisweilen tendenziös. Mit Blick auf das Empfehlungsgeschäft lautet eine Kernfrage an das ganze Unternehmen und speziell an die Marketingabteilung: Wie können wir unsere Aktivitäten so gestalten, dass sie für die richtige Zielgruppe, die breite Öffentlichkeit und die Medien interessanten Gesprächsstoff bieten? Gerade virale Aktionen und Guerilla-Marketing können dergestalt inszeniert werden, dass die Presse reichlich Anreize erhält, darüber zu berichten,

Geradezu exemplarisch dafür war das Viral mit dem Stuntman Ron Hammer, der mit seinem Motorrad beim Überkehren eines Hornbach-Baumarktes spektakulär verunglückte. Tagelang rätselte im Herbst 2006 die Republik gemeinsam mit den Medien, ob das Video falsch oder echt sei. Der SAT1-Sendung Akte 06 war die Aufklärung elf Minuten kostbarer Sendezeit wert. So kam zutage, wie die Idee entstanden war, wie der falsche Ron Hammer eine echte Webseite und sogar einen Eintrag bei Wikipedia bekam, wie der Film schließlich gedreht und in knapp 50 Videoportale eingestellt

wurde. Alles Weitere war Mundpropaganda. Hat die Aktion Hornbach genutzt? Ja und nein. Natürlich sind immer ein paar Leute sauer, wenn sie getäuscht werden. Und die Internetgemeinde reagiert bisweilen sehr gereizt auf ‚Fakes‘. Das Ziel der Hornbach-Leute, die Größe der Baumärkte ins Gespräch zu bringen, wurde für kleines Geld erreicht. Das Viral allein hat über 5 Millionen Kontakte erzielt.

In einem weiteren Fall ging es um einen Video-Blog, in dem der stellvertretende Chefredakteur des Grevenbroicher Tagblatts, Horst Schlämmer, unter dem Motto ‚Horst Schlämmer – Ich mach jetzt Führerschein‘ auf kalauernde Weise sechs Wochen lang seine diesbezüglichen Erlebnisse beschrieb. Horst Schlämmer war eine bereits im Fernsehen eingeführte Kunstfigur, die von dem Komiker Hape Kerkeling verkörpert wird. Erst nach tagelangem medialem Rätseln, wer wohl hinter der Geschichte stecken könnte, kam heraus, dass die Sache von VW initiiert und gesponsert wurde. Das Ganze war so gut gemacht, dass es weder Hape Kerkeling noch VW geschadet hat. Ganz im Gegenteil. Die weit über acht Millionen Viewer haben sich schlapp gelacht. Und sogar die sonst so unkommerzielle Blogosphäre war über das ‚hidden testimonial‘ begeistert. Mehr als 90.000 qualifizierte Interessenten-Kontakte soll VW daraus gewonnen haben. Der finanzielle Aufwand war, wie so oft bei gut gemachten Mundpropaganda-Aktionen, vergleichsweise gering. VW spricht von einem sechsstelligen Media-Budget. Und kassierte einen Werbepreis nach dem anderen.

Das waren zwei geglückte Beispiele. Blogger ebenso wie die Medien können jedoch auch sehr ungnädig sein. „Nichts ist so alt wie die Zeitung von gestern", heißt es ja, doch das Internet ist nicht vergesslich. Alles was da je geschrieben und kommentiert wurde, hinterlässt seine Spuren. Skandale wie Erfolge leben dort ewig.

Positive Schlagzeilen

Zunächst ein paar Basics: Über Public Relations (PR) werden Pressevertreter und Medienmacher gesteuert, die unsere öffentliche Meinung sehr nachhaltig prägen. Nachrichten, die über Zeitungen, Zeitschriften, Hörfunk und Fernsehen zu uns gelangen, haben nach wie vor eine hohe Glaubwürdigkeit. Sie tragen das Gütesiegel der jeweiligen Redaktion und sind damit jeder Werbung deutlich überlegen – und das zu erträglichen Kosten. Doch Pressearbeit funktioniert nur dann, wenn man die Spielregeln kennt. Damit wird sofort die riesige Bedeutung dieses diffizilen Instruments klar. Der Erfolg lässt sich im Vorfeld nicht absehen und schon gar nicht garantieren.

Zielgerichtete Öffentlichkeitsarbeit will

▦ ein gutes Image aufbauen,
▦ die Bekanntheit erhöhen,
▦ Kaufimpulse schaffen.

Besonders interessant sind dabei die zielgruppenspezifischen Fachtitel und je nach Situation renommierte regionale beziehungsweise nationale Medien. Damit wohlwollend berichtet wird, gilt es, Journalisten und Medienmacher im Positiven

auf sich aufmerksam zu machen. Dies erreichen Sie am besten durch regelmäßige Kontakte, ehrliche Information und faktenreiche Storys. Und das ist nicht nur etwas für die Global Player mit ihren Kommunikationsagenturen, PR-Abteilungen und Pressesprechern, sondern auch für KMU (kleine und mittelständische Unternehmen) höchst interessant – und machbar. Gerade in kleineren Städten und Gemeinden kann der persönliche Kontakt zu Vertretern der Presse sowie zu lokalen Hörfunk- und Fernsehsendern gezielt gepflegt werden.

Nehmen wir beispielsweise die Welt der Medizin: Wird über gesundheitsrelevante Themen berichtet, sind Pressevertreter immer auf der Suche nach sachkundigen Gesprächspartnern. Da die Schreibtische der Medienleute überquellen und Recherche-Zeit immer knapper wird, haben bekannte Ärzte und namhafte Persönlichkeiten die größten Chancen, kontaktiert zu werden, ein Interview zu geben, Beiträge zu liefern und damit gehört, gesehen oder gelesen zu werden. Dies kann nicht nur neue Patienten bringen, sondern wird auch Image und Stellenwert bei bestehenden Patienten erhöhen. Patienten wie Mitarbeiter werden beeindruckt sein, wenn ‚ihr Arzt' als ausgewiesener Experte in der Presse erscheint. „Mein Doktor war im Fernsehen!", werden sie stolz im Freundeskreis berichten. Und machen damit Mundpropaganda vom Feinsten.

In der Zusammenarbeit mit der Presse gibt es ein paar Grundregeln zu beachten:

▦ Gute PR-Arbeit ist von öffentlichem Interesse.
▦ Sie ist informativ, schnell und aktuell.

- Sie ist offen und ehrlich – und nicht werblich geschönt.
- Sie findet kontinuierlich statt.
- Sie hat Substanz: Qualität geht vor Quantität.
- Sie darf nicht nach Verkaufen ‚riechen'.

Den Journalisten interessiert vor allem eins: Was ist für unsere Leser/Zuschauer/Zuhörer von Interesse beziehungsweise von Nutzen? Und wie lässt sich das visualisieren? Die Redaktionen werden hoffnungslos überflutet mit nutzlosen Unternehmensmeldungen, denn jeder will kostenlos unterkommen. Die klassische, nach dem Lehrbuch verfasste, staubtrockene und uninspirierte Pressemeldung ist für die Ablage P. Produzieren Sie besser Geschichten statt Papier. Gute Storys sind heute gefragt. Also:

- Was machen Sie ganz anders, viel besser und schneller als andere?
- Ist es neu und trendig?
- Welche innovativen Technologien nutzen Sie?
- Haben Sie Anwenderbeispiele und Hintergrundinformationen parat?
- Bahnbrechende Absatzzahlen gegen den Branchentrend?
- Eine fundierte Studie?
- Sind Sie kontrovers und provokant?
- Originell oder völlig unkonventionell?
- Leisten Ihre Azubis, Ihre Serviceleute, Ihre Konstrukteure und Monteure etwas Außergewöhnliches, worüber berichtet werden könnte, ohne dass dies gleich wie Werbung klingt?
- Steht der Chef für ein kompetentes Interview bereit?
- Welche überraschenden Seiten haben Ihre (neuen) Führungskräfte?

- Ist Ihr Unternehmen sozial aktiv?
- Oder vorbildhaft im Umweltschutz?
- Haben Sie mit Berühmtheiten zu tun?

Sprechen Sie über all das und vieles mehr, damit die Presse darüber spricht! Sammeln und sichten Sie passendes Material, verarbeiten Sie es zu pressewirksamen Geschichten, erstellen Sie einen Themenplan für das ganze Jahr. Und halten Sie professionelles Bildmaterial bereit! Viele gute Geschichten sind vom Absender gemacht und nicht zufällig von der Presse entdeckt worden! Die Presse interessiert sich vor allem für das, was neu und anders, spektakulär oder skandalös ist. Das ist der Grund, weshalb gut gemachte, auf Medienspektakel abzielende Aktionen auch genau dort zu finden sind. Gerade kleinere Unternehmen können mit pfiffigen Ideen große Presseresonanz erzielen. Hier zwei schöne Beispiele dafür:

Eines Tages erhielt Klaus Kobjoll den Vorschlag einer Mitarbeiterin, angesammeltes ‚Gerümpel' seines Hotels auf einem eigenen Flohmarkt zu verkaufen und den eingenommenen Gewinn zu spenden. Man entschied sich nun nicht für eine herkömmliche Spendenorganisation, sondern für die Pinguine im Nürnberger Zoo. Die Auszubildenden waren für die Durchführung verantwortlich. Und es sollte etwas ganz Besonderes werden. Am Tag der Aktion erschienen alle Mitarbeiter sowie die Bamberger Symphoniker im Frack. Zu Wassermusik gab es ein großes Fischessen. Am Ende waren 10.000 Euro in der Kasse, nach Abzug der Kosten blieben 5.000 Euro für die Pinguine. Der Scheck wurde aber nicht dem Zoodirektor überreicht, sondern, auch eine Idee der Mitarbeiter, einem Pinguin unter den Flügel geklemmt, der damit sofort zu seinen tierischen Freunden watschelte. Die ganze Aktion wurde von der geladenen Presse lebhaft begleitet. Denn es gab diesmal keines der üblichen gestelzten Fotos von Scheck-in-Großformat überreichenden Persönlichkeiten, sondern außergewöhnliche Schnappschüsse und eine einzigartige Story. Dies erzielte Millionen positiver Kontakte zu Lesern, Radiohörern und TV-Zuschauern. Ein fast unbezahlbarer Werbeerfolg. Und eine schöne Geschichte zum Weitererzählen.

„Man muss positiv im Gespräch sein und bleiben", ist die Devise des Bayreuther Starfriseurs Andreas Nuissl. Er nimmt jede Gelegenheit wahr, sich bei medienträchtigen Aktionen der Öffentlichkeit zu präsentieren. So zögerte er keine Sekunde, als er gefragt wurde, ob er mit seinem Team das Hairstyling bei der Wahl zur Miss Germany 2003 übernehmen könne. Sogleich schrieb er eine Meldung an die Deutsche Presseagentur – und schon war der Miss-Friseur in zahlreichen Zeitschriften drin. Diese Strategie, gezielt die Presse zu nutzen, praktiziert Nuissl schon seit Beginn seiner Karriere. Den ersten Sieg bei einem Preisfrisieren meldete er umgehend den Medien. Wann immer er auftritt, gehen Informationen und Fotos an die wichtigen Redaktionen. Denn wer den einschlägigen Journalisten erst mal als Profi bekannt ist, wird auch gerne zu Branchentrends interviewt oder um Fachbeiträge und Praxistipps für die Leser gebeten. Nuissl nimmt die Arbeit mit den Medien sehr ernst, denn sie ebnet ihm den Weg zu neuen lukrativen Kunden. So lassen sich inzwischen auch die Stars der Bayreuther Wagner-Festspiele bei ihm verschönern. Was er wiederum öffentlichkeitswirksam inszeniert – um hierdurch eine Menge ‚Normal-Sterbliche' anzulocken.

Missbrauchen Sie jedoch die Presse niemals vordergründig als kostenlosen Verkaufskanal. Obwohl auch hier die Grenzen immer mehr aufweichen, wird ein seriöser Journalist Sie bei solchen Vorhaben sofort in die Anzeigenabteilung weiterreichen. Für den redaktionellen Teil wird die Geschichte hinter der Geschichte gesucht, und zwar möglichst exklusiv. *„Wenn du nicht schneller sein kannst, musst du besser sein. Besser allerdings ist es, schneller zu sein"*, erläuterte mir einmal ein Chefredakteur. Das heißt auch: Bedienen Sie eine Presseanfrage immer sofort, präzise und von kompetenter Stelle! Dabei ist vor allem der Chef des Hauses gefragt. Immer wieder klagen Presseleute über ‚kopflose' Unternehmen, weil sich die Inhaber nicht zeigen. Die Verbraucher wollen zunehmend wissen, welche Menschen hinter den Produkten stehen, die sie konsumieren. Claus Hipp („Dafür stehe ich mit meinem Namen."), der Hersteller von Bio-Babynahrung, ist ein Paradebeispiel dafür, wie man es richtig macht. Als Präsenter seiner Marken katalysiert er das Vertrauen in die Erzeugnisse seines Unternehmens auf höchst greifbare und glaubwürdige Weise.

Negative Schlagzeilen

Transparenz und Offenheit im Umgang mit der Presse zahlen sich aus, gerade in der Krise. In guten wie in schlechten Zeiten gilt: Seien Sie proaktiv, kommunizieren Sie umfassend, gestehen Sie etwaige Fehler ein! Schönen Sie nicht und lügen Sie nicht! Journalisten können schrecklich nachtragend sein. Wo es keine Transparenz gibt, ist viel Raum für Gerüchte und Spekulation. Geheimnissen will man auf die Spur kommen. Der investigative Journalismus deckt gnadenlos auf. Das Interesse an Vorgängen in der Wirtschaft ist riesig. Der Blick hinter die Kulissen ist gefragt.

Wo früher die Journalisten an der Hintertür auf geschwätzige Mitarbeiter warteten, da besuchen sie heute die immer einflussreichere Blogging-Szene. Die ungeschminkten Geschichten erfährt man am ehesten dort – und nicht über die klassischen Presseagenturen. Welchen Einfluss Blogger inzwischen auf die mediale Verbreitung von Themen haben, zeigt eine Umfrage unter 177 amerikanischen Journalisten: 75 Prozent nutzen Blogs als Ideengeber. Gerade die (guten und schlechten) Taten der Topmanager rücken dabei immer mehr in den Fokus. Business-Ethik liegt im Trend. Niemand, der ,Dreck am Stecken' hat, ist heute noch sicher. Die Nebelmaschinen können abgeschaltet werden.

Hätte zum Beispiel das weiter vorne genannte Unternehmen Kryptonite auf seiner Webseite den Fehler zügig eingestanden und durch Nennung des einzig (!) betroffenen Schlosses die Spekulationen begrenzt, hätte es einen sofortigen Austausch versprochen und in die Wege geleitet, der Schaden wäre begrenzt gewesen. Doch Kryptonite schwieg. Und die gesamte US-Presse machte sich genüsslich über die Sache her.

Manchmal scheint es so, als ob sich die Presse nur noch mit Skandalmeldungen über Wasser hielte. Auch Ihnen kann es passieren, dass Sie in den Strudel einer Negativ-Berichterstattung geraten. Im Internet kann eine kleine Meldung rasend schnell eine riesige Lawine lostreten. Egal ob online oder in der realen Welt, die oberste Regel lau-

tet: Reden Sie mit den ,Angreifern', statt ihnen zu drohen. Greifen Sie etwa einen Blogger an, haben Sie mitunter sofort die ganze Szene gegen sich. Reden Sie aber nicht nur mit den Medien, sondern informieren Sie auch Ihre Investoren, Mitarbeiter und Kunden. Denn in allen drei Kreisen breiten sich Hiobsbotschaften wie ein Lauffeuer aus. Und nichts ist schlimmer, als wenn Mitarbeiter und Kunden den Skandal aus der Presse erfahren.

Um eine veritable Krise zu bewältigen, brauchen Sie einen Krisenplan in der Schublade – und professionelle Unterstützung. Vor allem aber in guten Zeiten können PR-Profis helfen, Ihre Geschichten den Medien schmackhaft zu machen. Es braucht PR-Know-how, gute Kontakte, das richtige Handwerkszeug, eine Portion Kreativität und kommunikatives Einfühlungsvermögen, um ein Ereignis so zu gestalten und aufzubereiten, das es für Leser, Radio-Hörer oder Fernseh-Zuschauer spannend ist. Alles mit dem Ziel, Vertrauen aufzubauen und positiv im Gespräch zu sein.

Ein Tipp noch zum Schluss: Auch die Pressearbeit geht zunehmend online. Es gibt inzwischen eine ganze Reihe von PR-Portalen, in die Pressemeldungen kostenlos eingestellt werden können. Zwar versenden solche Portale die veröffentlichten Texte nicht aktiv an Medienschaffende, jedoch erreicht man am Filter der Redaktionen vorbei auf diese Weise Verbraucher, Interessenten und potenzielle Kunden direkt. Denn jeder kann alle eingestellten Texte lesen und per RSS-Feed auch beziehen.

12. Geschichten erzählen – zum Weitererzählen

Sind Sie ein guter Geschichtenerzähler? Geschichten eignen sich prima für das Empfehlungsmarketing. Geschichten faszinieren uns, weil sie uns lehren, das Leben zu meistern. Sie unterhalten und stimulieren uns und bringen uns zum Staunen. Sie lassen uns am Leben Anderer teilhaben und die Welt mit deren Augen sehen. Dabei scheint unsere Vorliebe für Erzählungen und bunte Bilder nicht nur mit unserem besonders gut entwickelten Sehsinn zu tun zu haben. Gehirnforscher glauben, dass jeder Denk- und Entscheidungsprozess von inneren Bildern begleitet wird, die unser Hirn in einem unaufhörlichen Schöpfungsprozess konstruiert.

Diese Konstruktionen werden gespeist aus Wahrnehmungsbildern, also dem gerade Gesehenen, aus Erinnerungsbildern früherer Ereignisse und aus inneren Vorstellungsbildern. Gute Verkäufer und spannende Marken setzen mit ihren Erzählungen ein wahres Kopfkino in Gang. Dramaturgen nennen das ‚Drehbücher im Kopf‘, Marketingleute sagen dazu ‚Brain Scripts‘.

Welche Geschichten erzählt man sich über Sie, Ihre Produkte, Ihre Firma? Und wer erzählt diese Geschichten wem, warum, in welcher Situation, wie genau und wie oft weiter? Woher stammen diese Geschichten, wer hat sie ‚gemacht‘? Und wie bekommen Sie Ihre Wunschgeschichten so in die Köpfe Ihrer Zielpersonen, dass sie auch wirklich hängen bleiben – und am besten gleich weitererzählt werden?

Die dauerhafte Aufnahme in das Gedächtnis funktioniert auf zwei Wegen:

- über ständige Wiederholungen des Gleichen,
- über einzigartige, überraschende, emotional tief berührende Erlebnisse.

Als kleine Kinder hören wir die gleichen Märchen immer wieder gern, später dann als Erwachsene schauen wir uns unsere Lieblingsfilme x Mal an. Bevor es die Schrift gab, wurden wichtige Ereignisse durch unaufhörliches Erzählen weitergegeben und so für die Zukunft bewahrt. Aus dem Beisammensein am Lagerfeuer sind Gesprächsrunden in Sitzungszimmern und Betriebsversammlungen geworden. Mütter treffen sich auf dem Spielplatz und Väter im Vereinshaus – und erzählen sich Geschichten. YouTube ist voll von Geschichten.

Geschichten sind Ausdruck unserer Identität, unserer Beziehung zur Welt und unserer Sicht der Dinge. Durch das Erzählen bekommt man selbst oft erst Klarheit, man bestätigt sich in seinen Vorstellungen und schafft Ordnung in seinem Oberstübchen. *„Wir alle suchen nach unserer eigenen Geschichte. Die Brain Scripts, die Geschichten der anderen, helfen uns dabei"*, sagt der österreichische Mediendramaturg Christian Mikunda. Gute Geschichten sind solche, die wir leicht dechiffrieren können, weil sie ein uns bekanntes Muster erkennen lassen. Wie der Mythos von ‚David gegen Goliath‘ (Greenpeace, Kommissar Columbo) oder das ‚Aschenputtel-Syndrom‘ (Prinzessin Diana).

Geschichten sind weit einprägsamer als Zahlen, Daten und Fakten. Gut gewählte Beispiele, brillante Zitate, bunte Anekdoten und meisterlich erzählte Geschichten haben eine unglaubliche psychologische Kraft. Sie machen neugierig und fesseln die Aufmerksamkeit des Adressaten. Sie lockern auf und entspannen. Sie setzen Emotionen in Gang und verbessern das Gesprächsklima. Sie wecken das Gefühl von Vertrautheit. Sie sprechen das Vorstellungsvermögen an und aktivieren. Sie machen selbst komplizierte Zusammenhänge verständlich und steigern die Überzeugungskraft. Sie fördern das Zuhören, das Verstehen und das Zustimmen, ohne zu bedrängen. Sie verbinden Menschenherzen. Sie werden gut behalten und gerne weitererzählt. Oft haben die Zuhörer sofort ähnliche Geschichten parat und überzeugen sich so selbst von der Notwendigkeit eines bestimmten Vorgehens.

Wie man Unternehmensgeschichten macht

Unternehmen bestehen aus einer Unmenge von Geschichten. Welche davon wollen Sie erzählen? Und vor allem: Welche sind im Empfehlungsmarketing nützlich? Das ist einfach: Es sind genau die Geschichten, die Dritte aus gutem Grund und liebend gerne weitererzählen: Weil sie lehrreich, lustig, traurig, spannend, bizarr, verblüffend oder beeindruckend, also auf eine bestimmte Art und Weise interessant sind. Hoffentlich spielen Sie und Ihre Produkte beziehungsweise Services darin eine gute Rolle!

Die beste Garantie dafür, positiv im Gespräch zu sein: Verhalten Sie sich als Inhaber oder Führungskraft innerhalb und außerhalb Ihres Unternehmens immer so, dass hierdurch gute Geschichten entstehen können. Und als Mitarbeiter: Verhalten Sie sich im Umgang mit Kunden so, dass diese gar nicht anders können, als in den höchsten Tönen zu schwärmen.

Wer nichts mehr zu sagen hat, gerät schnell in Vergessenheit. Schaffen Sie sich daher zunächst einen regelrechten Geschichten-Fundus an, denn das Geschichtenerzählen darf niemals aufhören. So können Sie über Kuriositäten aus der Gründerzeit plaudern, und wie es dem Unternehmen durch Höhen und Tiefen gelang, dort anzukommen, wo es heute steht. Sie können Wir-Geschichten erzählen, die intern zusammenschweißen. Oder die kleinen Heldentaten von Entwicklern, Kundendienstlern und Auszubildenden schildern. Oder über Auszeichnungen, Ihr soziales Engagement und Ihr Umweltbewusstsein berichten. Sie können auch beispielhaft bekannt machen, wie das Unternehmen den Servicegedanken lebt. Wahre Erfolgsgeschichten fesseln dabei ganz besonders. Und sie können schließlich Ihre Zukunftsvision verkünden. Im Einzelnen geht es also um:

- Wer-wir-sind-Geschichten,
- Wo-wir-herkommen-Geschichten,
- Wie-wir-Kundenorientierung-leben-Geschichten,
- Wie-es-unseren-Kunden-erging-Geschichten,
- Wo-wir-hin-wollen-Geschichten.

Eine gut gemachte Erzählung führt entlang eines Spannungsbogens von einer Ausgangssituation über eine Veränderung zu einem Endpunkt. Beim Aufbau können Sie sich an gängigen Märchen orientieren. Sie haben folgendes Muster:

- Was war am Anfang (= das Problem)?
- Wer (= der Held) tat was (= die gute Tat) mit wessen Hilfe (= die gute Fee)?
- Wo lauerten Gefahren (= das Abenteuer)?
- Wie ging das Ganze aus (= der Sieg, das Happy End)?

Der Beginn einer Geschichte ist besonders wichtig, denn da fragen wir uns: Hat das was mit mir zu tun? Ist die Antwort ,Ja' und das Ganze für uns relevant, hören wir weiter zu. Ist es für uns ohne Bedeutung, also irrelevant, schaltet unser Hirn auf Durchzug. Im Verlauf der Handlung wünschen wir uns Höhen und Tiefen, das weckt Emotionen und erzeugt Spannung. Nur eitel Sonnenschein, das will keiner sehen. Wir brauchen dramaturgische Wendungen, Rückschläge, Überraschungen. Und zum Schluss ein positives Ende.

Gute Geschichten sind neu, sie sind anders, sie überraschen, sie sind im wahrsten Sinne des Wortes merkwürdig und sie sind vor allem – wahr. Erzählen Sie Ihre Geschichten so, wie sie sich tatsächlich zugetragen haben. Das macht sie/Sie glaubwürdig und authentisch. Geschichten, die nicht stimmen, die geschönt sind, hinter denen keine Substanz steckt, werden früher oder später immer entlarvt, wofür meist die entrüsteten Mitarbeiter sorgen. Falsche Loyalität, bei der das Umfeld wissentlich das unethische Verhalten der Oberen decken soll, ist heute immer weniger zu

bekommen. Und das ist auch gut so. *„Mit Lügen kommt man durch die ganze Welt, aber nicht mehr zurück"*, sagt treffend ein russisches Sprichwort.

Die besten Geschichten sind natürlich die, die Ihre Kunden aus freien Stücken über ihre Erlebnisse bei Ihnen erzählen. Diese sind weit glaubwürdiger als Begebenheiten, die Sie selbst in Umlauf bringen, und von daher ein wertvoller Schatz. Reden Sie mit Ihren Kunden, um diese (hoffentlich positiven) Geschichten in Erfahrung zu bringen. Sammeln und dokumentieren Sie diese und geben Sie Passendes sofort wieder in Umlauf. Sogar die einschlägige Presse ist hierfür ein dankbarer Abnehmer.

Ermitteln Sie auch: Welche Geschichten werden bei Ihnen auf den Gängen, in der Kantine, am Telefon erzählt und was sagen sie über die Stimmung im Unternehmen aus? Ist der Kunde darin Held oder Horrorgestalt? Was wird von Mitarbeitern ausgeplaudert und von Außendienstlern unters Volk gebracht? Wie reden Servicemitarbeiter beim Kunden über Internes? Und welche Storys werden von Lieferanten und Partnern über Sie erzählt?

Praktikanten und ausscheidende Mitarbeiter können übrigens bei der Suche nach den wahren Geschichten sehr hilfreich sein – sofern man ihnen ,Straffreiheit' und Vertraulichkeit zusichert. *„Was diejenigen, die die Firma verlassen, zu erzählen haben, ist für das Unternehmen eine wertvolle Wissensquelle und zollt denen, die ihre Geschichte zum Abschied erzählen, noch einmal Interesse, Respekt und Aufmerksamkeit"*, heißt es dazu in dem sehr empfehlenswerten Buch *Storytelling*.

Geschichten für drinnen und draußen

Unternehmensgeschichten haben immer zwei Zielrichtungen:

- eine interne (die Mitarbeiter),
- eine externe (Interessenten, Kunden, Ex-Kunden, Partner, Lieferanten, Banken, Investoren, potenzielle Mitarbeiter, die Öffentlichkeit).

Intern können Beispiele und Anekdoten gezielt eingesetzt werden, um zu verdeutlichen, wie die Unternehmensphilosophie und deren Leitsätze und Normen konkret gelebt werden sollen. Oder sie erzählen, wie sich Kundenorientierung bei Ihnen im Einzelnen darstellt – und wie nicht. Oder sie zeigen vorbildliches Führungsverhalten auf. Oder sie dokumentieren die Meilensteine zu einem großen Sieg über den schärfsten Mitbewerber. Oder sie verdeutlichen ein gelungenes Projekt in all seinen Facetten …

Seien Sie sich jedoch klar darüber, dass jede Geschichte, die Sie intern erzählen, auch nach außen dringen kann. Wer im Zug oder im Flugzeug die Ohren nur ein wenig spitzt, erfährt vieles über Unternehmen, das er besser nicht erfahren sollte. Und ist eine Geschichte erst mal im Umlauf, ist sie nicht mehr zu kontrollieren. Sie wird zur Empfehlung – oder zur Warnung. Keine noch so fleißige Presseabteilung, kein noch so bunter Imageprospekt, keine noch so ausgefeilte Gegendarstellung kann negative Mundpropaganda stoppen. Sie verselbständigt sich und zieht ihre bösen Bahnen. Im Positiven funktioniert das natürlich genauso: Dem Unternehmen eilt ein guter Ruf voraus, heißt es

dann treffend. Eines ist sicher: Was da draußen so gesprochen wird, hört sich allzu oft weit weniger gut an, als man selber glaubt. Ihren Ruf können Sie allerdings nur dann steuern, wenn Sie ihn tatsächlich kennen.

Die Geschichten, die Sie über sich erzählen, sind die Geschichten, die man über Sie erzählen wird. Erzählen Sie deshalb Erfolgsgeschichten, bei jeder Begegnung, auf allen Meetings, selbst in der Raucherecke. Erfolgsgeschichten machen stolz und beflügeln. ‚So gut sind wir (schon)‘, wollen sie zeigen und ermuntern zum Besserwerden. ‚Stellt euch nur vor, wenn wir jetzt noch …‘ säuseln sie und kreieren Begehren. Kein Sportler würde je seine Negativgeschichten vorkramen, wenn er zum nächsten Sieg eilen will.

Das Geschichten-Erzählen will gekonnt sein. Unternehmensführer und Politiker werden heute nicht nur daran gemessen, welche Bilanzen sie abgeben, sondern vor allem auch daran, wie sie ihre Taten kommunikativ verpacken. Wer da Defizite hat, sollte schnell auf die Schulbank. Denn die Öffentlichkeit ist bisweilen gnadenlos.

Externe Dienstleister können beim Schmieden von Erfolgsgeschichten helfen. So machen etwa bei casestudies.biz erfahrene Wirtschaftsjournalisten aus Fallstudien und Anwender-Berichten professionelle Success Storys. Weil sie nicht vom Unternehmen selbst, sondern von einem neutralen Dritten geschrieben wurden, fehlen die sonst üblichen Selbstbeweihräucherungen, es kommt zu einer Profil-Schärfung und die Außensicht wird besser rübergebracht. Der Kunde und nicht das eigene Unternehmen wird zum ‚Helden‘ gemacht.

So wirken die Geschichten weniger werblich und damit glaubwürdiger. *„Hinter jedem Kunden steckt eine spannende Geschichte"*, meint Harry Weiland, Inhaber von casestudies.biz und selbst Journalist.

Das 16-Mann-IT-Beratungsunternehmen Consono Consult aus Hamburg resümiert sechs Monate nach einer von casestudies.biz verfassten und in einem Fachmagazin platzierten Story wie folgt: 30 Interessenten, die sich auf den Bericht hin gemeldet haben, acht daraus resultierende Präsentationen, ein konkreter Auftrag und weitere in der Pipeline. „Durch Mund-zu-Mund-Werbung sind wir dort angekommen, wo wir heute stehen. Nun werden wir dies durch Fallstudien weiter untermauern. Ich bin sicher, unsere knappen Werbegelder sind so am besten investiert", ist Consono-Geschäftsführer Wolfgang Stratenwerth überzeugt.

Selbst die beste Geschichte bewirkt nichts, solange sie im Dunkeln schlummert. Holen Sie sie ans Licht, verpacken Sie sie gut und machen Sie sie öffentlich. Füttern Sie die Medien mit Geschichten anstatt mit Geld. Und nutzen Sie all Ihre bestehenden Kommunikationsmittel, um dort Geschichten zu erzählen:

- in Stellenanzeigen
- im Intranet
- im Internet
- in Newslettern
- in Mailings
- in Prospektmaterial
- in Imagebroschüren
- im Geschäftsbericht
- in Kundenzeitschriften

- in Referenzmappen
- in Präsentationen
- in Vorträgen
- bei Jahrestagungen
- auf Ausstellungen
- am Messestand
- bei Events
- in der Presse
- in Reportagen
- in Büchern

Erzählstoff durch Mitmach-Marketing

Der Stoff, aus dem besonders gute Geschichten werden: Machen Sie Ihre Kunden zu Akteuren. Nichts geht über Live-Erfahrungen, bei denen man selbst zum Mitspieler wird. Der Vater, der dem Neugeborenen die Nabelschnur durchtrennt, das neue Auto, bei dem man die ‚Hochzeit' (das Verbinden von Fahrwerk, Motorblock und Getriebe mit der Karosserie) auf der Fertigungsstraße mitfeiert, der Nobelkoch, der einen in seine Küche lässt … Wird der Kunde ganz persönlich und möglichst individuell eingebunden, ergeben sich erzählenswerte Geschichten und damit auch Empfehlungen von ganz allein.

Mitmach-Marketing ist im Kommen. Dabei sollen Kunden aktiv in den Marketingprozess involviert werden. So konnten Fans über die Gestaltung des Covers der deutschen Ausgabe von *Harry Potter und der Halbblutprinz* abstimmen. YouTube & Co. sind voll von selbst gemachten Werbespots, die engagierte Typen um ihre Lieblingsmarken herum erzeugt haben. Weit über die USA hinaus erlangte ein unbekannter Mittelschullehrer namens George Masters Ruhm und Ehre, weil er einen tollen Trailer für den iPod Mini kreiert und ins Web gestellt hatte. Solches Engagement wird von ambitionierten Marken inzwischen stark gefördert – und vielfach auch belohnt. Sie lassen ihre Fans die neuesten Werbemotive mitgestalten, über Geschmacksrichtungen abstimmen, Etiketten entwickeln und Produktnamen erfinden. Gerade das Internet bietet den Menschen jede Menge Möglichkeiten, sogenannten ‚User generated content‘ zu produzieren.

Jeder Hersteller, jeder Anbieter, selbst jedes Industrieunternehmen kann Inhalte finden, bei denen es die Kunden aktiv involviert und mitmachen lässt. Auf diese Weise werden Produkte nicht nur beliebter, sondern meistens auch besser. Das Interessanteste aber: Solchermaßen engagierte Kunden sind die besten Multiplikatoren. Je höher die Beteiligung, desto größer ist auch die emotionale Verbundenheit. Auf diese Weise lässt sich nicht nur Kundentreue, sondern auch reichlich Mundpropaganda ernten.

In Italien stellte die Automarke MINI seinen Kunden ein Autodach-Design-Tool, den sogenannten Roof Designer, online bereit. Dabei standen umfangreiche Gestaltungstools und Design-Möglichkeiten zur Verfügung. Die User konnten den nach ihren ganz individuellen Vorstellungen gestalteten MINI auf virtuellen Parkplätzen abstellen oder aber gleich online ihr selbst designtes Dach bestellen und sich bei einem MINI-Partner aufmontieren lassen.

In Australien entstand eine neue Biermarke zu 100 Prozent durch das Zutun von Consumern: Blowfly Beer. Die Gründer waren keine Bierbrauer und hatten keinerlei Insiderwissen über den dortigen Biermarkt, den sich zwei nationale Marken teilten. Sie entschieden sich, alles anders zu machen, als es Brauereien klassischerweise tun. So ließen sie alle, die Lust dazu hatten, in Internet über den Namen, die Geschmacksrichtungen, das Logo, den Flaschentyp, den Preis, die Bierkästen, die Verkaufsstellen und die Location für die Eröffnungsparty abstimmen. Wer mitmachte, bekam zum Dank Brewtopia-Aktien und wurde hierdurch zum Miteigentümer. „Das Bier hatte 16000 Markenbotschafter, bevor es überhaupt zu kaufen war", erzählt der Vorstandsvorsitzende Liam Mulhall. Auch nach dem Start passierte das meiste in Zusammenarbeit mit den Fans. So wurde das Bier nicht früh am Morgen durch die Hintertür angeliefert, sondern dann, wenn die Bars voll waren, immer durch den Haupteingang und über den Bar-Tresen hinweg. Das Ganze ging mit viel Hallo vonstatten, denn die Lieferwagen sahen aus wie Ambulanzfahrzeuge und waren mit Sirenen ausgestattet. All das, um Aufmerksamkeit und einen hohen Erzählfaktor zu erzielen.

Mittendrin statt nur dabei heißt also die Devise, und sie lässt sich auf vielerlei Art umsetzen: mitmachen statt zuschauen, der Blick hinter die Kulissen, Stars hautnah, interaktive Installationen, künstliche Welten (wie in Las Vegas), jemandem bei der Arbeit über die Schulter schauen, der Zauber von Brandlands (wie die Swarovski Kristallwelten in der Nähe von Innsbruck), die Fertigungshalle als Erlebnispark, Einkaufsorte mit Event-Charakter, Zeremonien wie bei einem katholischen Hochamt, inszenierte Pressekonferenzen ... all das bietet jede Menge Erzählstoff. Lassen Sie Ihrer Fantasie freien Lauf. Machen Sie ein Brainstorming! Testen Sie! Die Möglichkeiten, Emotionen zum Schäumen zu bringen und heiße Geschichten loszutreten, sind zahllos. Je exklusiver ein Ereignis, umso begehrenswerter ist es – und damit umso erzählenswerter.

Was wir dabei von der Filmindustrie lernen können: Erzählen Sie auserwählten Personen unter dem Siegel der Verschwiegenheit in einem besonderen Rahmen zu einem bestimmten Anlass auf einer speziellen Webseite Geschichten über Ihre Geschichte (The making of ...). Dies gibt den auserkorenen Angesprochenen einen Insider-Status und damit das Gefühl, jemand ganz Besonderes zu sein. Solches Wissen werden sie garantiert nicht für sich behalten. So werden schließlich Mythen kreiert. Mythen verselbständigen sich, sie werden nicht nur weitererzählt, sondern auch weitergesponnen. Und mit jeder neuen Version spannender.

13. Wie aus Reklamierern positive Empfehler werden

Auf dem Weg zur aktiven positiven Empfehlung gibt es eine ganz besonders große Gefahr: die Reklamation. Sie kann

- offen gegenüber dem betroffenen Unternehmen vorgetragen werden – und das ist, wenn auch manchmal unangenehm, bei Weitem die bessere Alternative,
- im privaten oder geschäftlichen Umfeld real oder virtuell ausgesprochen werden – und das ist manchmal geradezu tödlich.

Eine Reklamation ist keine Nörgelei oder Ruhestörung, sondern ein im Nachhinein geäußerter Kundenwunsch – oder das Warnsignal eines absprungbereiten Kunden. Denn bei jeder Unzufriedenheit denkt der Kunde meist sofort über einen Wechsel nach. Und das wird er in Zukunft immer gnadenloser tun. Wer heute versagt, bekommt von anspruchsvollen Kunden keine zweite Chance.

Die Gefühlslagen enttäuschter Verbraucher lassen sich besonders gut auf Meinungs- und Boykott-Seiten ablesen. Manche Unternehmen sind dort negativer präsent, als ihnen vielleicht lieb ist. Auf internationaler Bühne wird ihr Pfusch von ‚Bloggern' nach Robin-Hood-Manier an den Pranger gestellt. Solche negativen Berichte, gerne auch als ‚blogstorms' bezeichnet, erreichen oft innerhalb weniger Stunden die breite Öffentlichkeit – und werden von den sensationshungrigen Medien dankbar aufgenommen. Dies kann eine digital losgetretene Lawine Image-schädigender Reaktionen und sogar veritable Unternehmenskrisen aus-

lösen – wenn die Unternehmen die Angriffe der Internetgemeinde überhaupt bemerken. Denn die wenigsten Unternehmen haben bislang die ‚Blogosphäre' auf dem Radar. So fanden die Marktforscher von CHD Expert Ende 2007 heraus, dass nur 30 Prozent aller Hoteldirektoren ganz regelmäßig die Bewertungen ihres eigenen Betriebs auf den Hotel-Bewertungsportalen lesen. Über 50 Prozent interessierten sich grundsätzlich nicht dafür, den meisten sei das einfach zu viel Arbeit!

Am besten ist natürlich, Sie lassen es erst gar nicht zu negativer Mundpropaganda kommen. Ermutigen Sie vielmehr Ihre Kunden, sich bei Ihnen zu beschweren, damit sie es nicht woanders tun. Solange sich Kunden bei Ihnen beschweren, haben Sie keine Probleme – ganz im Gegenteil. Eine Reklamation zeigt, dass durchaus noch Interesse an einer Zusammenarbeit besteht. Es liegt nur gerade ein Hindernis im Weg, das weggeräumt werden will. Je schneller, desto besser. Der Kunde muss wissen, dass, wie und bei wem er sich beschweren kann. Ermuntern Sie Ihre Kunden geradezu, über Probleme sofort mit Ihnen zu reden. *„Sie kommen viel rum und haben einen großen Erfahrungsschatz. Ihre Meinung ist mit deshalb besonders wichtig"*, sagte mein Autoverkäufer, weil er schon ahnte, dass ich nach einem misslungenen Werkstattbesuch was auf dem Herzen hatte. Prima gemacht, Gabriel Reiz!

Hurra, eine Reklamation!

Unzufriedene Kunden sind entweder Giftmüll-Deponien – oder positive Botschafter Ihres Unternehmens. Sie haben die Wahl. Nehmen Sie also jede Reklamation ernst und wichtig. Es gibt (von ganz wenigen Ausnahmen abgesehen) keine ungerechtfertigten Beschwerden! Aus seiner subjektiven Sicht betrachtet fühlt sich der Kunde im Recht, wenn er reklamiert. „Hurra, eine Reklamation!", sollten Sie froh und dankbar rufen, wenn ein Kunde eine Beschwerde hat. Jede ausgedrückte Reklamation, egal ob mündlich oder schriftlich, ist ein Kundengeschenk – und ein kostbarer Lerngewinn: eine Chance, Schwachstellen aufzudecken, Fehler abzustellen, Verbesserungsprozesse einzuleiten, Innovationen anzustoßen, einen zaudernden Kunden zurückzuholen, negative Mundpropaganda zu vermeiden, seinen guten Ruf zu retten. Und eine Chance, weitere Kundenverluste zu umgehen. *„Wer seine Kunden mag, dem muss es doch leid tun, wenn sie sauer sind"*, meint Karl Born, ehemaliges Vorstandsmitglied der TUI.

Einige Firmen – wie etwa der Versandhändler Lands' End – sind übrigens inzwischen dazu übergegangen, nahezu jede vorgetragene Reklamation grundsätzlich anzuerkennen. Sie sparen sich hierdurch einen Haufen Negativ-Energie, jede Menge Administration und fördern die Entbürokratisierung ihres Unternehmens. Sie machen komplexe Dinge einfach – und damit sich selbst sowie dem Kunden das Leben angenehmer. Und der Imagegewinn ist beträchtlich.

Untersuchungen zeigen immer wieder, dass nach gut gelösten Reklamationen Wiederkäufe und Empfehlungsraten steigen – und damit der Umsatz wächst. Weil im Moment der Reklamation die Aufmerksamkeit des Kunden besonders hoch ist. In dieser Situation können Sie alles verspielen – oder sehr viel gewinnen. Mehr noch: Sie können sogar wegen Ihrer unverhofft professionellen Reklamationsbearbeitung vehement gerühmt und empfohlen werden. Wie ein professionelles Beschwerdemanagement im Detail aufgebaut wird, lässt sich in vielen guten Fachbüchern nachlesen. Oder als kostenloses E-Book von meiner Webseite www.anneschueller.de herunterladen.

14. Am Ziel: Ihr Empfehlungserfolg

Das Heute ist morgen schon gestern! Marketingtrends und Managementmethoden kommen und gehen. Mit höflichem Abstand folgen viele Manager – mehr oder weniger kritiklos – so oft gerade denen, die aus den USA zu uns herüber schwappen. Gestern noch hoch gelobt, produzieren sie heute Flops und sind morgen vergessen.

Ich empfehle Ihnen daher, auch wenn dies auf den ersten Blick unspektakulär aussieht, eine Methode, die erfolgreich funktioniert, seitdem die Menschen Handel treiben: die Mundpropaganda. Heute kommt sie aufpoliert und als Strategie verpackt daher und findet in zwei Welten statt: in der realen und in der virtuellen Welt. Wer die Spielregeln des Empfehlungsmarketing beherrscht, kann in eine nachhaltig profitable Unternehmenszukunft schauen. Denn ein gut funktionierendes Empfehlungsmarketing macht die schönsten Verkäuferträume endlich wahr: kaufwillige Kunden, die in Scharen kommen, und das von ganz alleine.

Ein Beispiel dafür, wie man die komplette Klaviatur des Empfehlungsmarketing erfolgreich spielt, gibt uns Bernd Kütscher, ein junger Bäckermeister aus der Eifel. Nachdem er 1999 erstmals den Deutschen Stollenbäcker-Wettbewerb (und in den folgenden Jahren viele weitere Preise) gewonnen hatte, wurde massiv über die prämierten Stollen berichtet, was zahlreiche Stollen-Touristen in seine Stadt lockte. Doch das Geschäft ging an die Konkurrenz, denn sein Betrieb liegt hinter einer Reihe von Mitbewerbern – und diese nickten eifrig, wenn Fremde nach ‚den guten Stollen aus dem

Radio' fragten. Kurzerhand ließ sich Kütscher den Namen ‚Stollenbäcker' als Marke schützen, schuf eine gleichnamige Website und begann, Stollen per Internet-Shop zu vertreiben. Um die Website zu promoten, veröffentlichte er dort Stollen-Rezepte, was für reichlich Traffic sorgte. „Natürlich backen die Leute auch selbst", so Kütscher, „doch wenn Besuch kommt, bestellt man dann doch lieber beim Profi". Die Mundpropaganda nahm ständig zu. Weiterhin gab es unter www.stollenbaecker.de viele Gimmicks, die für Empfehlungen sorgen: ein Rezept als Comic, eine bebilderte Backanleitung, eine Stollen-Weltkarte mit Stollenfotos vom Nordkap bis zum Südpol und sogar ein Computerspiel, bei dem man Rosinen in den Stollen und außerdem dem Bäcker die Mütze vom Kopf schießen kann. Die Presse berichtete ausführlich. So erhielt er beispielsweise vier Seiten in der Bild am Sonntag, eine dreißigminütige Dokumentation in der ARD, eine Glosse im Nachrichtenmagazin Focus und wirkte in zahlreichen Kochsendungen mit. Das ist Werbung, die er sich als Handwerksbäcker sonst nie hätte leisten können. Die Nachfrage stieg rasant. Aus den 20 Kilo verkauften Stollen im Jahr 1998 sind bis zum Jahr 2004 über 20 Tonnen geworden. Das Tausendfache! Und dies, obwohl er die allerteuersten Zutaten verwendet und somit deutlich über den Preisen der Mitbewerber liegt. Die Stollenbäcker-Stollen werden heute in die ganze Welt verkauft, unter anderem große Mengen in die USA und nach Japan. Über die Geschichte seines Erfolgs berichtet Kütscher übrigens auch im Rahmen von Vorträgen.

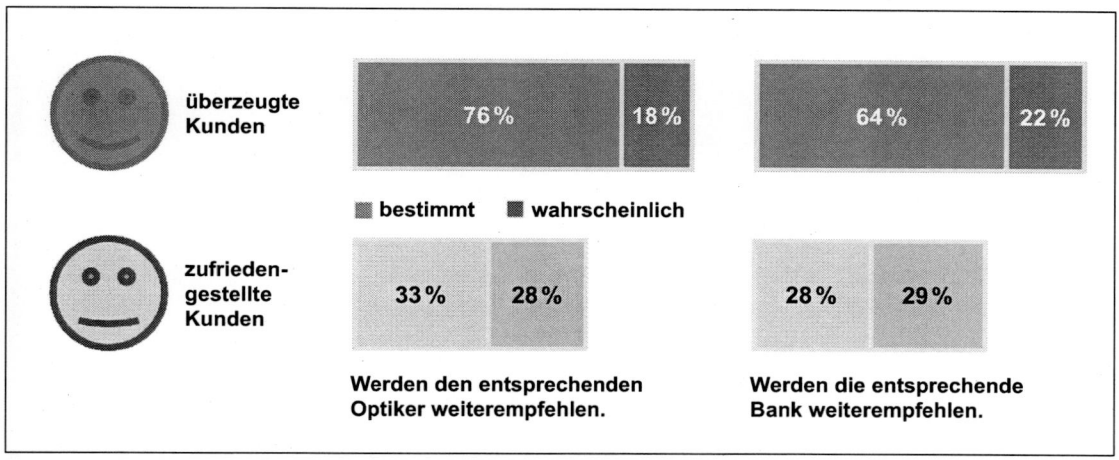

überzeugte Kunden: 76% bestimmt, 18% wahrscheinlich / 64% bestimmt, 22% wahrscheinlich

bestimmt | wahrscheinlich

zufriedengestellte Kunden: 33% | 28% / 28% | 29%

Werden den entsprechenden Optiker weiterempfehlen.

Werden die entsprechende Bank weiterempfehlen.

Abbildung 13: Der Zusammenhang zwischen Zufriedenheit, Begeisterung und Weiterempfehlung am Beispiel von Optikern und Banken (Quelle: ServiceBarometer AG, Kundenmonitor Deutschland, Optiker: Zahlen aus 2003, Banken: Zahlen aus 2004)

Das Empfehlungsmarketing ist, wie wir gesehen haben, sehr facettenreich. Den einen ‚goldenen Weg', zu dem man sich eine einfache Wegbeschreibung besorgen kann, gibt es nicht. Testen Sie die Wege, die dieses Buch Ihnen aufgezeigt hat. Finden Sie die, auf denen es sich für Sie am besten laufen lässt, und suchen Sie nach neuen. Ihr wichtigstes Ziel: Voll und ganz überzeugte und damit begeisterte, ja geradezu faszinierte Kunden. Diese werden Sie mehr als doppelt so oft weiterempfehlen, als zufriedene Kunden, wie obige Untersuchungen der ServiceBarometer AG eindrucksvoll zeigen.

Eine wichtige Sache noch: Rechnen Sie fest mit Ihrem Erfolg. Das heißt: Halten Sie die notwendigen Kapazitäten bereit, ausreichend Produkte verfügbar und Ihre Mitarbeiter in Höchstform, wenn die Empfehlungswelle zu rollen beginnt. Denn das Empfehlungsgeschäft der Empfehler wird Ihren Umsatz potenzieren.

Mit dem hereinbrechenden Erfolg gehen Sie am besten wie folgt um:

Sie machen sich rar und damit noch begehrenswerter. Nun wollen die Allerbesten Sie haben. Sie können sich die interessantesten, angenehmsten und profitabelsten Kunden aussuchen und gleichzeitig Ihre Preise erhöhen.

oder

Sie verkaufen mehr und mehr, vergrößern sich und wachsen organisch gesund.

Glückwunsch!

Literaturhinweise

Altmann, Hans Christian: Kunden kaufen nur von Siegern. Moderne Industrie, Landsberg 2000.

Arndt, Roland: Empfehlungsmanagement. Metropolitan, Düsseldorf 2002.

Blumenschein, Annette; Ehlers, Ingrid Ute: Ideen-Management. Gerling Akademie, München 2002.

Brandes, Dieter: Einfach managen. Redline Wirtschaft, Frankfurt 2002.

Bruhn, Manfred; Homburg, Christian: Handbuch Kundenbindungsmanagement. Gabler, Wiesbaden 2000.

Covey, Stephen R.: Die sieben Wege zur Effektivität. Heyne, München 2000.

Damasio, Antonio R.: Descartes' Irrtum. List, München 2004.

Dressler, Melanie: Events und Veranstaltungen professionell managen. BusinessVillage, Göttingen 2005.

Esch, Franz-Rudolf: Moderne Markenführung. Gabler Verlag, Wiesbaden 2001.

Fink, K.-J.: Empfehlungsmarketing. Königsweg der Neukundengewinnung. 3. Auflage, Gabler, Wiesbaden 2005.

Fisher, Roger u. a.: Das Harvard Konzept. Campus/New York, Frankfurt 2004.

Förster, Anja; Kreuz, Peter: Different Thinking! Redline Wirtschaft, Frankfurt 2005.

Frenzel, Karolina u. a.: Storytelling. Hanser, München/Wien 2004.

Friedrich, Kerstin: Empfehlungsmarketing. Gabal, Offenbach 2000.

Gladwell, Malcolm: Der Tipping Point. Berlin Verlag, Berlin 2000.

Gladwell, Malcolm: Blink! Die Macht des Moments. Campus, Frankfurt/New York 2005.

Godin, Seth: Purple Cow. Campus, Frankfurt/New York 2004.

Godin, Seth: Permission Marketing. Simon & Schuster, New York 1999.

Harris, Godfrey: Empfehlen Sie uns weiter! Signum, Wien 1999.

Häusel, Hans-Georg: Brain View – Warum Kunden kaufen. Haufe, Planegg 2004.

Herbst, Dieter (Hrsg.): Der Mensch als Marke. BusinessVillage, Göttingen 2003.

Höhler, Gertrud: Warum Vertrauen siegt. Ullstein, Berlin 2005.

Höhler, Gertrud: Herzschlag der Sieger. Ullstein, 2004.

Hofmeyr, Jan; Rice, Butch: Commitment Marketing. Redline Wirtschaft, München 2002.

Holzapfel, Felix: Guerilla Marketing. Online, Mobile und Cross Media. Kostenloses Ebook zum Downloaden unter *www.guerillamarketingbuch.com*

Homburg, Christian u. a.: Sales Excellence. Gabler, Wiesbaden 2002.

Horx, Matthias: Trend-Report 2007. Zukunftsinstitut, Kelkheim, 2006.

Horx, Matthias: Wie wir leben werden. Campus, Frankfurt/New York 2005.

Jaffé, Diana: Der Kunde ist weiblich. Econ, Berlin 2005.

Kim, W. Chan; Mauborgne, Renée: Der Blaue Ozean als Strategie. Hanser, München 2005.

Kirby, Justin; Mardsen Paul: Connected Marketing. Butterworth-Heinemann, Oxford 2006.

Klein, Stefan: Die Glücksformel. Rowohlt, Reinbek 2002.

Kobjoll, Klaus: Wa(h)re Herzlichkeit. Orell Füssli, Zürich 2007.

Kobjoll, Klaus u. a.: TUNE. Orell Füssli, Zürich 2004.

Langner, Sascha: Viral Marketing. Gabler, Wiesbaden 2005.

Loebbert, Michael: Storymanagement. Klett-Cotta, Stuttgart 2003.

Malischewski, Thomas; Thiel, Frank: Beziehungsmanagement. Gabal, Offenbach 2005.

Meyer, Annemike: Professionelle Pressearbeit. BusinessVillage, Göttingen 2004.

Mikunda, Christian: Marketing spüren. Redline Wirtschaft, Frankfurt 2002.

Neu, Hajo; Breitwieser, Jochen: Public Relations. BusinessVillage, Göttingen 2005.

Oetting, Martin: Wie Web 2.0 das Marketing revolutioniert. In: Schwarz, Torsten: Leitfaden Integriertes Marketing. marketing-BÖRSE GmbH, Waghäusel 2006.

Patalas, Thomas: Guerilla-Marketing. Cornelsen, Berlin 2006.

Reichheld, Frederick F.: Loyalty Rules. Harvard Business School Press, Boston 2001.

Reichheld, Frederick F.; Bain & Company: Der Loyalitäts-Effekt. Campus, Frankfurt/New York 1997.

Reichheld, Frederick F.: Mundpropaganda als Maßstab für den Erfolg. Harvard Business Manager, März 2004.

Ridderstrale, Jonas; Nordström, Kjell A.: Karaoke Capitalism. Financial Times Prentice Hall, Harlow 2004.

Ridderstrale, Jonas; Nordström, Kjell A.: Funky Business – Wie kluge Köpfe das Kapital zum Tanzen bringen. Financial Times Prentice Hall, Harlow 2000.

Röthlingshöfer, Bernd: Marketeasing. Erich Schmidt Verlag, Berlin 2006.

Röthlingshöfer, Bernd: Mundpropaganda-Marketing. DTV, München 2008.

Roth, Gerhard: Aus Sicht des Gehirns. Suhrkamp, Frankfurt 2003.

Scheier, Christian; Held, Dirk: Wie Werbung wirkt. Haufe, Planegg 2006.

Scherer, Hermann: Wie man Bill Clinton nach Deutschland holt. Networking für Fortgeschrittene. Campus, Frankfurt/New York 2006.

Schmitt, Bernd H.; Mangold, Marc: Kundenerlebnis als Wettbewerbsvorteil. Gabler, Wiesbaden 2004.

Schüller, Anne M.: Kundennähe in der Chefetage – Wie Sie Mitarbeiter kundenfokussiert führen. Orell Füssli, Zürich 2008.

Schüller, Anne M.: Come back! Wie Sie verlorene Kunden zurückgewinnen. Orell Füssli, Zürich 2007.

Schüller, Anne M.: Zukunftstrend Kundenloyalität. Endlich erfolgreich – durch loyale Kunden. 2., erweiterte Auflage, BusinessVillage, , Göttingen 2005.

Schüller Anne M.: Erfolgreich verhandeln – erfolgreich verkaufen. Wie Sie Menschen und Märkte gewinnen. BusinessVillage, Göttingen 2005

Schüller Anne M.: Zukunftstrend Mitarbeiterloyalität. Endlich erfolgreich – durch loyale Mitarbeiter. 2., erweiterte Auflage, BusinessVillage, Göttingen 2006.

Schüller, Anne M.; Fuchs, Gerhard: Total Loyalty Marketing. 4., erweiterte Auflage, Gabler, Wiesbaden 2007.

Schwarz, Torsten (Hrsg.): Leitfaden Online Marketing. marketing-BÖRSE GmbH, Waghäusel 2007.

Schweizer, Markus; Rudolph, Thomas: Wenn Käufer streiken. Gabler, Wiesbaden 2004.

Sprenger, Reinhard K.: Vertrauen führt. Campus, Frankfurt 2002.

Sonnenschein, Martin u.a.: Customer Energy. Gabler, Wiesbaden 2006.

Surowiecki, John: Die Weisheit der Vielen. Goldmann, München 2007.

Tapscott, Don; Williams, Anthony D.: Wikinomics. Hanser, München 2007.

Urchs, Ossi; Körner, Alexander: Mundpropaganda Marketing. In: Schwarz, Torsten: Leitfaden Integriertes Marketing. marketing-BÖRSE GmbH, Waghäusel 2007, Seite 672 ff.

Vilmar, Answin: Markenkooperationen. Kooperationsmarketing. Varus, Bonn 2006.

Zukunftsinstitut GmbH (Hrsg.): Female Forces. Zukunftsinstitut, Kelkheim 2004.

Wer hoch hinaus will, braucht ein solides Fundament. Um die Basis für Ihren Empfehlungserfolg auf ein solch solides Fundament zu stellen, helfen Ihnen auch meine weiteren Praxis-Leitfäden aus dem BusinessVillage-Verlag:

Zukunftstrend Mitarbeiterloyalität zeigt Ihnen auf praxisorientierte Weise, wie Sie zu einer ‚lachenden' Unternehmenskultur und – anhand der Loyalitätstreppe der Mitarbeiter – zu begeisterten, engagierten, unternehmerisch mitdenkenden Mitarbeitern und Kollegen kommen, die Ihre Kunden loyalisieren können und wollen. Mit vielen Checklisten und Praxisfällen.
ISBN 978-3-938358-38-2; 21,80€

Zukunftstrend Kundenloyalität zeigt Ihnen, wie Kundenloyalität – als größte unternehmerische Herausforderung der Zukunft – trotz widriger Umstände gerade heute erreichbar ist. Anhand der Loyalitätstreppe des Kunden wird erläutert, was im Einzelnen zu tun ist, um aus Interessenten und Erstkäufern schließlich rentable Stammkunden und aktive Empfehler zu machen. Mit vielen Beispielen und wertvollen praktischen Tipps.
ISBN 978-3-934424-53-1; 21,80€

Erfolgreich verhandeln – erfolgreich verkaufen verknüpft die faszinierenden neuen Erkenntnisse der Gehirnforschung mit der traditionellen Verhandlungskunst. Es zeigt beide Seiten des Verkaufens: die argumentativ-sachliche und die bildhaft-emotionale. Es erläutert, wie man sich als Verkäufer selbst gut verkauft und wie Schritt für Schritt ein abschlussgekröntes Verkaufsgespräch aufgebaut wird. Mit konkreten Formulierungsvorschlägen und zahlreichen Anregungen.
ISBN 978-3-938358-10-8; 21,80€

WOW-Marketing – Kleines Budget und große Wirkung

Claudia Hilker
**WOW-Marketing –
Kleines Budget und
große Wirkung**
Dezember 2007
ISBN 978-3-938358-57-3
Preis: 21,80 €
Art.-Nr. 712

Wieso ist es schwierig, den richtigen Kunden zu ködern? Weshalb haben manche Unternehmer nur einen mickrigen Hering an der Angel, obwohl sie doch einen kapitalen Hecht an Land ziehen wollten? Wieso haben manche Kunden ein schnelles Verfalldatum? Und warum ist es bei bestimmten Kundenbeziehungen schwieriger, sie am Leben zu erhalten?

Die Autorin Claudia Hilker gibt Antworten auf diese Fragen und verrät, wo die besten Fangplätze sind, beschreibt die leckersten Köder und die optimale Fang-Strategie. Der WOW-Effekt macht Menschen zu Kunden. Anhand zahlreicher Praxis-Beispiele verdeutlicht dieses Buch, wie Sie mit einfachen, aber genialen Ideen verblüffende Resultate erzielen. Ködern Sie Ihren Kunden mit dem WOW-Effekt und er kann gar nicht anders: Er beißt an!

Trimmen Sie jetzt Ihr Marketing mit außergewöhnlichen Ideen auf Erfolg: frech, lustig, provokant oder einfach „nur" abseits der platt gewalzten Werbeautobahn. Verblüffen Sie Ihre Kunden! Arbeiten Sie mit emotionaler, gehirngerechter Ansprache. Gestalten Sie Ihr Marketing überraschend neu: außergewöhnlich anders! Sparen Sie Budget durch intelligente und präzise Planung. So sind Sie dem Mitbewerb stets den entscheidenden Schritt voraus!

Dieses Buch zeigt Ihnen, wie Sie Ihren Ideenreichtum neu entdecken und

- schnell mehr Umsatz machen,
- Ihr Budget gewinnbringend einsetzen,
- mehr Neukunden generieren,
- mehr mit Ihren Stammkunden verdienen,
- Ihren Bekanntheitsgrad erhöhen und
- wie Sie schnell umsetzbare Ideen entwickeln.

**FAX +49 (0)5 51 20 99-105
BusinessVillage GmbH • Reinhäuser Landstraße 22 • 37083 Göttingen**

☐ **Hiermit bestelle ich versandkostenfrei** _____ **Exemplare zum Einzelpreis von 21,80 €.**

Firma

Vorname   Name

Straße   Land   PLZ   Ort

Telefon   E-Mail

Datum, Unterschrift

BusinessVillage
Update your Knowledge!

BusinessVillage — Update your Knowledge!

BusinessVillage – Update your Knowledge!

Edition Praxis.Wissen je 21,80 Euro *

Marketing

546	Telefonmarketing, Robert Ehlert; Annemike Meyer
566	Seniorenmarketing, Hanne Meyer-Hentschel; Gundolf Meyer-Hentschel
567	Zukunftstrend Kundenloyalität, Anne M. Schüller
574	Marktsegmentierung in der Praxis, Jens Böcker; Katja Butt; Werner Ziemen
612	Cross-Marketing – Allianzen, die stark machen, Tobias Meyer; Michael Schade
647	Erfolgsfaktor Eventmarketing, Melanie von Graeve
661	Allein erfolgreich – Die Einzelkämpfermarke, Giso Weyand
712	Der WOW-Effekt – Kleines Budget und große Wirkung, Claudia Hilker

Unternehmensführung

622	Die Bank als Gegner, Ernst August Bach; Volker Friedhoff; Ulrich Qualmann
634	Forderungen erfolgreich eintreiben, Christine Kaiser
656	Praxis der Existenzgründung – Erfolgsfaktoren für den Start, Werner Lippert
657	Praxis der Existenzgründung – Marketing mit kleinem Budget, Werner Lippert
658	Praxis der Existenzgründung – Die Finanzen im Griff, Werner Lippert
700	Bankkredit adieu! Die besten Finanzierungsalternativen, Sonja Riehm; Ashok Riehm
701	Das perfekte Bankgespräch, Jörg T. Eckhold; Hans-Günther Lehmann; Peter Stonn
755	Der Bambus-Code – Schneller wachsen als die Konkurrenz, Christian Kalkbrenner; Ralf Lagerbauer

Edition BusinessInside +++ Neu +++

693	Web Analytics – Damit aus Traffic Umsatz wird, Frank Reese, 287 S., 34,90 €
714	Professionelles Projektmanagement in Kultur und Event, Wolf Rübner; Ulrich Wünsch, 250 S., 24,80 €
741	Online-Communities im Web 2.0, Miriam Godau; Marco Ripianti, 200 S., 34,90 €
756	Trends erkennen – Zukunft gestalten, Ralf Deckers; Gerd Heinemann, 212 S., 34,80 €

BusinessVillage Fachbücher – Einfach noch mehr Wissen

598	Geburt von Marken, Busch; Käfer; Schildhauer u.a.; 39,80 Euro
679	Speak Limbic – Das Ideenbuch für wirkungsvolle Präsentationen, Anita Hermann-Ruess, 79,00 €
688	Performance Marketing, 2. Auflage, Thomas Eisinger; Lars Rabe; Wolfgang Thomas (Hrsg.), 39,80 €
771	Erfolgreich Selbstständig 2008/2009, Detlef Kutta; Karsten Mühlhaus (Hrsg.), 9,95 €
725	BrandNameChange, Hans H. Hamer, 49,00 €
745	Was im Verkauf wirklich zählt!, Walter Kaltenbach; 24,80 €

Sachbücher

603	Die Kunst der Markenführung, Carsten Busch; Sonja Kastner; Christina Vaih-Baur, 160 S., 17,90 €
700	Bankkredit adieu! Die besten Finanzierungsalternativen, Sonja Riehm; Ashok Riehm, 207 S., 24,80 €
730	High Probability Selling – Verkaufen mit hoher Wahrscheinlichkeit, Werth; Ruben; Franz, 228 S., 24,80 €
757	Die Exzellenz-Formel – Das Handwerkszeug für Berater, J. Osarek; A. Hoffmann, 300 S., 39,80 €
769	Selbstvermarktung freihändig, Jens Kegel, 240 S., 24,80 €
782	Außergewöhnliche Kundenbetreuung, Maria A. Musold, 224 S., 24,80 €
788	Ihr starker Auftritt, Eva Ruppert, 170 S., 17,90 €

Expertenwissen auf einen Klick

Gratis Download:
MiniBooks – Wissen in Rekordzeit

MiniBooks sind Zusammenfassungen ausgewählter BusinessVillage Bücher aus der Edition PRAXIS.WISSEN. Komprimiertes Know-how renommierter Experten – für das kleine Wissens-Update zwischendurch.

Wählen Sie aus mehr als zehn MiniBooks aus den Bereichen: **Erfolg & Karriere, Vertrieb & Verkaufen, Marketing und PR.**

→ www.BusinessVillage.de/Gratis

BusinessVillage
Update your Knowledge!

Verlag für die Wirtschaft

Bücher für Ihren Erfolg

Eva Ruppert
Ihr starker Auftritt
188 Seiten • 17,90 Euro
ISBN 978-3-938358-90-0
Art.-Nr. 788

Jens Kegel
Selbstvermarktung freihändig
242 Seiten • 24,80 Euro
ISBN 978-3-938358-83-2
Art.-Nr. 769

Werth • Ruben • Franz
High Probability Selling
232 Seiten • 24,80 Euro
ISBN 978-3-938358-55-9
Art.-Nr. 730

Busch • Kastner • Vaih-Baur
Die Kunst der Markenführung
160 Seiten • 17,90 Euro
ISBN 978-3-934424-81-4
Art.-Nr. 603

Frank Reese
Web Analytics – Damit aus Traffic Umsatz wird
2. Auflage
287 Seiten • 34,90 Euro
ISBN 978-3-938358-71-9
Art.-Nr. 693

Godau • Ripanti
Online-Communitys im Web 2.0
214 Seiten • 34,90 Euro
ISBN 978-3-938358-70-2
Art.-Nr. 741

Kasperczyk • Scheel
Projektmanagement kompakt
110 Seiten • 21,80 Euro
ISBN 978-3-934424-92-0
Art.-Nr. 559

Deckers • Heinemann
Trends erkennen – Zukunft gestalten
216 Seiten • 34,80 Euro
ISBN 978-3-938358-78-8
Art.-Nr. 756

Kalkbrenner • Lagerbauer
Der Bambus-Code – Schneller wachsen als die Konkurrenz
122 Seiten • 21,80 Euro
ISBN 978-3-938358-75-7
Art.-Nr. 755

Anita Hermann-Ruess
Speak Limbic – Wirkungsvoll präsentieren
128 Seiten • 21,80 Euro
ISBN 978-3-938358-27-6
Art.-Nr. 625

Sonja Ulrike Klug
Konzepte ausarbeiten – schnell und effektiv
3. Auflage
127 Seiten • 21,80 Euro
ISBN 978-3-938358-82-5
Art.-Nr. 772

Anne M. Schüller
Zukunftstrend Empfehlungsmarketing
2. Auflage
141 Seiten • 21,80 Euro
ISBN 978-3-938358-63-4
Art.-Nr. 753